영국

혼자 떠나도 괜찮아

영국

혼자 떠나도 괜찮아

잉글리 지음

중앙생활사

| PROLOGUE |

United Kingdom
Working Holiday

영국을 떠나는 마지막 날 쿨하게 헤어지고 싶었지만 눈시울이 계속 붉어졌다. 몇 주 뒤에 다시 만날 친구처럼 멋지게 인사하고 아무렇지 않은 듯 떠나고 싶었지만, 흐르는 눈물은 막을 수 없었다. 눈물을 참으면서 알 수 있었다.

'나 정이 참 많이 들었구나.
지난 2년 동안 이곳에서 참 행복했구나.'

아무 연고 없는 영국 땅에 이름도 낯선 청년교류제도 YMS(Youth Mobility Scheme) 1기로 왔다. 영국 도착 후에는 발이 퉁퉁 붓도록 일자리를 찾기 위해 낯선 거리와 상점을 서성였었다. 그러다가 런던 은행가의 작은 매장에서 음식을 만들고 청소를 하는 일을 시작했고, 10시간이 넘게 근무를 하면서도 퇴근 후에는 피곤한 몸을 이끌고 영국 보험회사에 가서 한국어를 가르쳤다. 생활비가 없어서 하루 한인식당에서 근무를 하기도 했으며, 자투리 동전을 모아 가장 저렴한 가격의 빵을 사 먹기도 했었다.

힘들고 고된 삶이었지만 더 많은 경험을 하기 위해 크고 작은 회사에 계속해서 지원하고 인터뷰를 보고 떨어지기를 반복했다. 영국에 온 지 1년이 지난 후에는 런던에서 북아일랜드 벨파스트로 지역을 옮겼다. 이곳에 있는 다국적 기업에서 일하면서 유럽의 기업문화도 경험하고 다양한 친구들도 사귀었다. 그러나 정신병에 걸린 프랑스 친구를 만나거나 런던에선 경험해보지 못했던 인종차별을 경험하기도 했다.

다양한 직무와 회사를 거치면서 내가 얻은 것은 돈도 경력도 영어도 아닌, 떠나지 않았다면 결코 알지 못했을 삶의 다양성에 관한 것이었다. '고등학교를 졸업하면 대학에 가야지', '네 나이 때에는 취직하고 결혼해야지', '직장은 이런 곳에 가야지' 등 타인이 바라는 삶의 모습은 중요한 선택의 기준이 아니라는 것을 다시금 깨달았다. 타인이 원하는 모습이 아닌 내가 정말 하고 싶은 것을 하는 것, 그것이 인생에서 제일 중요하다는 것을 영국에서 확실히 깨닫게 되었다.

이 책은 한국을 떠나 영국에서 세계의 다양한 친구들을 만나 삶과 인생을 공유하며 일어난 사건들의 모음이며, 자유롭고 싶은 청년의 마지막 20대 이야기다.

CONTENTS

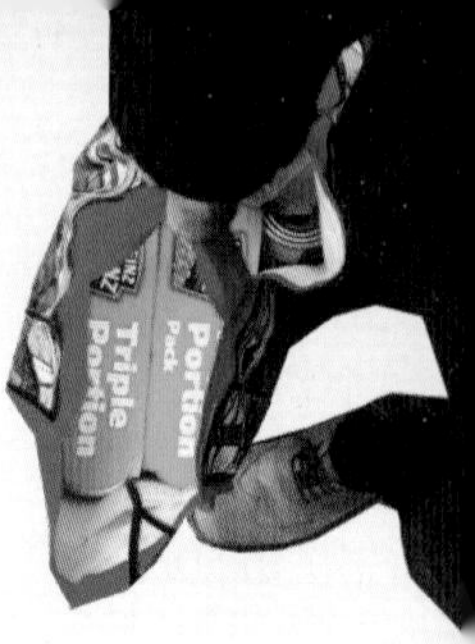

4장. 사랑하기 171

5장. 이해하기 257

6장. 이별하기 311

7장. 변화하기 331

8장. 여행하기 363

9장. 돌아가기 405

에필로그 421

CHAPTER. 01

준비하기

인생은 초콜릿 상자

United Kingdom
Working Holiday

대학생 때 도서관에 가면 제일 보고 싶지 않은 모습이 있었다. 그건 모두가 똑같이 '토익' 책을 보면서 공부하는 모습이었다. 그리고 친구들과 진로에 관해서 이야기하면서 제일 듣기 싫었던 말은 '공무원 하고 싶다'는 말이었다. 토익 공부와 공무원 시험을 준비하는 친구들을 보면서 나는 늘 떠나고 싶었다. 현실에서 완전히 동떨어진 삶을 살 수는 없겠지만, 누군가의 기대가 아닌 나의 진로와 삶에 대해서 스스로 고민하고 생각할 수 있는 시간을 갖고 싶었다.

그리하여 대학교 3학년 겨울방학 때 캐나다 워킹홀리데이 프로그램에 지원하였다. 당시 한국과 워킹홀리데이 프로그램을 체결한 나라들이 많이 있었지만, 영어권은 호주와 캐나다가 가장 인기가 있었다. 나는 캐나다는 상대적으로 호주보다 안전하다고 생각했고, 지리적으로도 북미에 위치하기 때문에 캐나다를 선택했다.

밤을 거의 꼴딱 새고 새벽 5시에 부평우체국 앞으로 준비한 서류를 가지고 갔다. 캐나다 워킹홀리데이 프로그램의 경우 지원자를 접수 선착순으로 모집하기 때문에 9시 정각에 접수 증명을 받아야 한다. 그런데 그 이른 새벽 5시에 우체국 앞에 나 말고 이미 2명의 지원자가 우체국 문이 열리길 기다리고 있었다.

대.단.하.다.

햇살이 조금씩 비추더니 이내 도로가 밝아졌다. 그러면서 우체국 문이 열리길 기다리는 사람들도 점점 늘어났다. 나는 속으로 조금 걱정되었지만, 다행히 정각에 접수할 수 있었다.

이후 캐나다 워킹홀리데이 비자가 나왔다. 그러나 나는 바로 떠나지 않고 4학년 학교생활을 모두 마치고 떠나기로 했다. 그래서 낮에는 음악 회사에서 근무하고 저녁에는 학교에 가서 마지막 수업들을 들으면서 캐나다에서의 새로운 삶을 꿈꾸고 기대하며 하루하루를 보냈다.

하지만 삶은 늘 우리에게 겸손을 가르쳐주는 것 같다. 출국을 앞두고 오랜 기간 아프셨던 외할머니께서 돌아가셨다. 홀어머니와 외할머니 그리고 내가 우리 식구의 전부였는데 이제는 나와 어머니,

둘만 남은 것이다. 어머니께서는 어렵게 얻은 기회인데 다녀오라고 말씀하셨지만 갈 수 없었다. 솔직히 가고 싶지 않았다. 서울로 와서 공부한다고 제대로 가족을 챙기지도 못했는데, 어머니만 홀로 남겨 두고 떠나기가 힘들었다.

그래서 졸업 후 고향으로 내려갔다. 캐나다 워킹홀리데이만을 바라보고 있었던 나였기 때문에 취업을 위한 토익 공부나 대학원 진학을 위한 공부도 하지 않았었다. 그리하여 고향에 있는 대학교 도서관에서 계약직으로 근무하면서 어쩔 수 없이 내가 그토록 싫어하던 토익 공부를 하면서 취업 준비를 했다.

계약직이지만 일할 수 있는 직장도 있었고, 어머니와 많은 시간을 보내고 초등학교 때부터 함께 해 온 친구들과도 자주 만나면서 참 감사한 시간들을 보냈다. 그러나 취업은 달랐다. 냉정했고 무섭도록 내게 차가웠다. 상반기 공채에서는 모두 서류전형에서 고배를 마셨다. 그러던 중 늘 마음속에 품고 있었던 시사/교양 PD의 꿈을 이루기 위해 방송국에 지원했다. 이번에는 운 좋게 3차까지 올라갈 수 있었다. 하지만 면접에서 떨어졌다. 많은 이유가 있었겠지만 충분한 역량을 갖추지 못한 것이 가장 큰 원인이었던 것 같다. 수많은 기업을 지원하고 떨어지면서 자괴감이 느껴졌다.

'나를 원하는 곳은 어디에도 없구나.

나는 그런 사람이구나.'

자존감이 낮아지고 우울했다. 하반기 공채를 준비해야지 하면서도 자신이 없었다. 나는 그렇게 토익 공부를 하고 나도 모르게 공무원시험을 생각하면서 내가 전에 그토록 싫어했던 모습이 되어 갔다.

그러던 어느 여름 일요일이었다. 그날도 어김없이 교회에서 예배를 드렸다. 점심을 먹고 청년회실에서 또래 청년들과 차를 마시면서 이야기를 나누는데 교회 동생 은혜가 지나가듯이 말했다.

"오빠, 영국 워킹홀리데이
이번에 처음 모집한다는데 지원해봐."
"영국?"

그렇게 시작되었다. 꿈꾸지 않았던 땅. 생각조차 하지 않았던 나라. 그 어떤 누구도 워킹홀리데이 프로그램을 통해서는 가보지 못한 나라.

프로그램을 확인하고 비자를 발급받고 비행기 표를 끊고 탑승하기까지의 3개월이 3분처럼 지나갔다. 취직을 위해 준비했던 토익 점수는 필수 제출서류인 영어공인성적으로 활용되었고, 그해 꾸준히 연습했던 자기소개서는 프로그램 지원서에서 빛을 발휘했다. '인생은 초콜릿 상자와 같아서 어떤 것을 집을지 모른다'는 영화 '포레스트 검프'의 대사처럼 그해 나의 초콜릿은 영국이었다. 그리고 그렇게 나의 좌충우돌 영국 생활이 시작되었다.

YMS, 나 혼자도 신청할 수 있다

United Kingdom
Working Holiday

영국 청년교류제도 YMS(Youth Mobility Scheme)에 대한 자세한 내용이 공고되었다. 지피지기 백전불태(知彼知己 百戰不殆)라고 하지 않았던가. 모니터가 뚫어져라 영국 청년교류제도 YMS의 세부항목들을 꼼꼼하게 살펴보았다.

그러자 캐나다 워킹홀리데이 비자와는 몇 가지 다른 점이 눈에 들어왔다. 캐나다 워킹홀리데이의 경우 합격 당락을 결정하는 것은 '시각증명'이다. 우체국에서 서류를 보낼 때 시각증명을 하게 되는데 대부분 오전 9시에 증명을 받은 사람들이 합격을 한다. 9시 1분도 늦다.

하지만 영국 YMS의 경우에는 선착순 선발이 아니었다. 정부 보증서(COS)를 받은 사람들만 비자 신청을 할 수 있는데, 이 정부 보증서를 받는 것이 관건이었다. 그럼 정부 보증서는 어떻게 받을 수 있는가? 우선 필요한 서류를 외교통상부 담당자에게 보내면 결격자를 제외하고 초과되는 인원은 전산추첨을 진행한다. 그 이야기는 얼마나 빠르게 접수하느냐가 중요한 것이 아니라 필요한 서류에 포함된 자기소개서와 영어성적이 중요하다는 뜻이다. 내가 접수했던 1기는 하반기에 선발했기 때문에 500명만 모집했고, 영어 기준점수도 존재하지 않았다. 하지만 지금은 영어 공인성적 커트라인이 생겼다. 때문에 본인의 영어실력이 기준에 미달된다면 시간을 갖고 준비해야 한다.

취업 준비를 하면서 영어 성적은 마련해두었기 때문에 자기소개서에 중점을 두었다. 너무 중언부언 떠들지 않고 최대한 이해하기 쉽고 느낌 있게 기술하려고 노력했다. 이렇게 필요한 서류를 모두 준비하고 우체국에 빠른 등기로 보냈다. 이제 기다리는 일만 남았다.

내가 경쟁률을 확인할 당시 500명 선발에 1,300명 정도가 지원했다. 영어권 국가이고 유럽이라는 매력 때문이었는지 많은 사람들이 관심을 갖고 지원했다. 이후 연도별 경쟁률을 살펴보면 내가 지원했던 2012년에는 500명 선발에 1,414명이 지원해 총 2.83:1의 경쟁률을 나타냈다. 2013년에는 1,000명 선발에 3,035명이 지원해 3.04:1, 2013년 하반기 추가모집에는 170명 선발에 974명 지원으로 5.73:1이라는 높은 경쟁률을 보였다. 2014년에는 1,000명 선발에 1,565명 지원으로 1.57:1을 나타냈는데, 이때는 공인 영어성적 커트라인의 상승으로 낮은 경쟁률을 보였다. 2014년 하반기에는 225명 선발에 826명 지원으로 3.67:1, 2015년에는 1,000명 선발에 1,992명 지원으로 1.99:1의 경쟁률을 나타내 꾸준히 높은 인기를 보여주고 있다.

몇 주가 지났을까. 정부 보증서 후원대상자로 선정이 되어 외교통상부에서 보증서가 메일로 왔다. 다음은 가장 중요한 비자 신청 과정이다. 크게 3단계가 있다.

1. 온라인으로 비자신청서 작성

2. 영국 비자신청센터 방문 예약

3. 관련 서류들을 가지고 영국 비자신청센터 방문 및 비자 신청

온라인으로 비자 신청을 하면서 $320의 거금을 카드로 결제했다. 그런데 조금 당황스러웠던 점은 처음 공지에는 정부 보증서 번호가 신청할 때 필요하다고 했는데 신청할 때는 필요 없고 방문 예약할 때와 방문할 때 필요했다. 영국 청년교류제도(YMS)가 처음 시행되는 것이다 보니 조금 미흡한 점이 있었던 것 같다. 또한 공지에 없던 APPENDIX 7 서류도 작성해야 했다. APPENDIX 7은 PDF 파일이기 때문에 출력해서 수기로 작성해야 했다. 그런데 아무리 1기라도 그렇지, 국적 선택에 우리나라를 체크하는 칸도 없어서 직접 네모박스를 그리고 SOUTH KOREA라고 써야 했다.

다음은 영국 비자신청센터 방문 예약이다. 인포센터 메일주소로 필요한 정보들을 입력하고 방문 희망날짜를 적었다. 나는 화요일 오전 11시라고 쓰고 그때 시간이 안 되면 9시부터 1시 사이 아무 때나 상관없으니 맞춰서 해달라고 했다. 일요일에 메일을 써서 보냈는데 월요일 9시 정각에 바로 답장이 왔다. 화요일 10시까지 해당 서류들을 가지고 오라고 했다.

난 지방에 살고 있었기 때문에 약속 시간에 도착하기 위해서는 아침 일찍 출발해야 했다. 더위 때문에 새벽에 잠이 깨서 새벽기도 갔다가 씻고 바로 기차를 타고 서울로 상경했다. 사실 여권 사진을 6개월 전에 찍어서 다시 찍었는데 친구들이 아랍인 같네, 범죄자 같네 해서 비자센터 방문하기 전 서울역 즉석사진기에서 다시 한 번 찍었다. 다시 찍으니까 이번에는 친구들이 중국인 같다고 했다. 과연 나의 조상님들은 모두 한국인이셨는가 하는 진지한 의문이 들었다.

이젠 영국 비자신청센터가 있는 다남빌딩을 찾아야 했다. 도통 어딘지 몰라서 휴대전화로 검색했다. 회현역 5번 출구에서 직진해서 다리 지나고 오른쪽 골목으로 쭉 내려가다 보면 베이지색 긴 건물이 보이는데 바로 그곳이었다. 나는 필요한 서류와 여권 사진들을 다시 한 번 정리하고 건물로 들어갔다. 5층으로 들어가서 오른쪽을 보니 UK 접수라는 표시가 보였다.

문을 열고 들어가니 무서운 누님이 휴대전화를 끄고 금속은 다 빼라고 하셨다. 시키는 대로 하고 나니 여권과 예약확인 메일을 보여달라고 하셨다. 그리고 내 가방과 휴대전화는 캐비닛에 넣었다. 무서운 누님은 번호표를 주면서 앉아서 기다리라고 했다. 10시 예약이었는데 앞에 사람들이 좀 있어서 대기를 했다. 정말 다양한 사람들이 많이 있었다. 신청하는 사람들을 구경하면서 생각보다 오랫동안 내 순서를 기다렸다.

드디어 나의 차례가 되어 준비한 서류들을 보여주었다. 서류를 확인하던 담당자가 온라인 신청서에 바코드가 없다면서 앞장을 다시 출력해야 한다고 했다. 그래서 700원을 납부하고 옆에서 출력했다. 신청서에 수정할 부분이 있으면 그곳에서 수기로도 가능했다. 나는 나머지 부분은 크게 수정할 부분이 없어서 바로 진행했다. 그리고 나중에 여권을 택배로 받을 건지, 직접 올 건지 물어도 보셔서 택배로 받겠다고 했다. 그랬더니 만 원이라고 하셨다. 현금을 안 가져왔으면 어쩔 뻔 했나 하는 마음이 들었다. 또한 진행 과정을 문자로 안내받고 싶으면 신청하라고 했다. 이건 2천 원 정도 했다. 정말 깨알같이 돈을 받으셨다. 이 부분도 신청했다. 3~4번 정도 문자가 온다고 하는데 만약 5일 이내에 발송에 관한 문자가 안 온다면 조금 지체될 수 있고, 문자가 오면 바로 여권을 받을 수 있다고 했다.

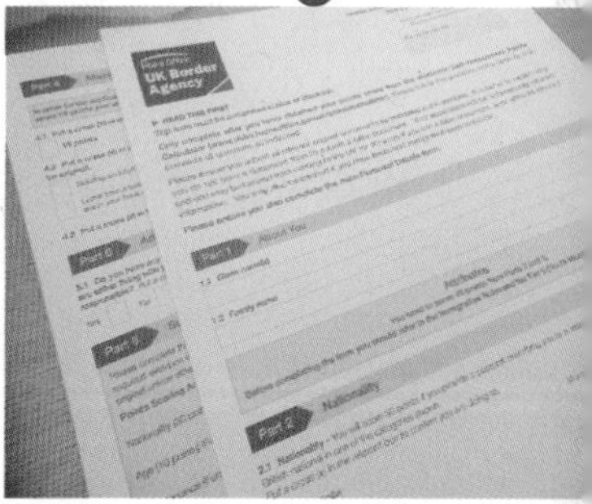

모든 서류를 접수하고 나니 생체인식 번호표를 뽑고 기다리라고 했다. 여기는 바로바로 진행되었다. 해

당 순서가 되어 들어가니 본인 확인 후 CCTV를 10초 동안 응시하라고 했다. 그리고 모든 손가락의 지문을 등록하고 카메라 촬영 후 영수증을 받아서 나왔다.

비자신청센터에 들어가서 모든 과정을 마치고 나오기까지 대략 1시간 정도 걸린 것 같다. 느낀 점은 최대한 필요한 서류들을 모두 준비해 가야 한다는 것이다. 또한 현금도 넉넉히 챙겨가는 것이 좋다. 그리고 미처 영문 서류를 준비하지 못한 경우 번역서비스도 제공하고 있으니 참고하기 바란다. 예약시간보다 훨씬 길어질 수 있기 때문에 스케줄도 잘 정하는 것이 좋을 것이다.

많은 사람들이 워킹홀리데이 프로그램을 어학원을 통해 대리 접수하는 것을 보았다. 어학원을 통해서 진행하는 돈도 돈이지만, 개인적인 생각으로는 충분히 혼자 공고를 확인하고 필요 서류를 준비한 뒤 비자 신청을 진행할 수 있다고 본다. 영어로 꼼꼼하게 비자 세부사항을 확인하고 서류들을 스스로 준비해서 제출할 자신이 없다면 2년 동안의 영국 생활을 어떻게 스스로 해결해 갈 수 있겠는가. 워킹홀리데이는 영국에 도착한 후부터가 아닌 준비부터 시작이다. 나 같은 시골 출신 평범한 청년도 혼자 신청을 했다. 혼자 진행하는 비자 신청, 겁먹지 말자!

영국 청년교류제도 YMS (Youth Mobility Scheme)

1. 청년교류제도(YMS)

• **목 적**

o 대한민국과 영국 간의 청년교류를 통한 양국의 우호관계 증진 및 세계적 안목을 갖춘 미래 인재 양성

• **개 요**

o 대한민국 청년들이 다양한 경험과 도전 등을 통해 글로벌 마인드를 함양할 뿐 아니라 자기계발을 할 수 있는 기회를 가질 수 있도록 최대 2년까지 영국에서의 체류를 허가하는 제도(부양가족 동반 불가)

* 취업제한 직종: 프로운동선수, 수련의

• **YMS 참가 신청 방법 및 절차**

1) 정부후원보증서 신청 및 발급

2) UK Visas & Immigration 웹사이트에서 YMS 비자 온라인 신청(비자수수료 결제)

- 신청 시 영국 예상 입국일 및 영국비자지원센터 방문예약일 지정

3) 결핵검사(한국 내 영국정부 지정병원에서만 가능)

4) 한국 소재 영국비자지원센터 방문(구비서류 지참)

* 1): 우리나라 외교부 영사서비스과(워킹홀리데이 인포센터)에서는 정부후원보증서 신청 접수 및 발급 업무를 담당함.

* 2), 3), 4): 영국정부에서 YMS 비자 신청 및 발급 업무를 담당함.

• **YMS 신청 자격 조건**

o 대한민국 국민으로 만 18세~만 30세

- 비자를 발급 받았을 때 만 18세 이상, 비자를 신청할 때 만 31세 미만

o 영국에 입국 후 초기 체류를 위한 경비를 가진 자

o 대한민국 정부가 발급한 후원보증서를 소지한 자

o 영국 및 한국에서 범죄경력이 없는 자

2. 정부후원보증서 신청 및 발급

- **신청 및 발급 일정:** 외교부 워킹홀리데이 인포센터 웹사이트(www.whic.kr) 확인

- **발급 인원:** 1,000명

- **신청 자격 조건**

  o 만 18세~만 30세의 대한민국 국민

  * YMS 비자를 발급 받았을 때 만 18세 이상, 비자를 신청할 때 만 31세 미만

  o 영국 YMS 비자를 발급 받은 적이 없는 자

- **신청자 사전 준비사항(구비서류)**

  o 외교부 워킹홀리데이 인포센터 웹사이트(www.whic.kr)에 안내된 서식 및 견본을 참고하여 아래 신청 서류 준비

  * 각 구비서류에 관한 주의사항을 준수하지 않을 시 불이익을 당할 수 있음.

  * 모든 구비서류의 개인정보 및 자필 서명은 여권 상의 정보와 반드시 일치해야 함.

  1) 영국 청년교류제도(YMS) 참가 지원자 자기소개서 및 서약서 원본

  * 주의사항

  - 복사, 스캔인쇄, 팩스 등 사본 제출 불가
  - '자기소개서 및 서약서' 내 개인정보 및 자필 서명은 여권 상의 개인정보 및 자필 서명과 일치(자필 서명 외 도장 또는 지문 불가)
  - 한국 내 주민등록상 주소지는 '정부민원포털 민원24(www.minwon.go.kr)' 내 '주민등록표등본(또는 초본)'에서 확인 가능
  - 자기소개서는 755자(공백포함) 이하 한글로만 작성
  - 서식(글꼴은 바탕, 글자크기 11pt, 줄간격 1.2배수) 임의 변경 금지(반드시 컴퓨터 작성)

  2) 개인정보 수집/이용 및 제3자 제공 동의서 원본

  * 주의사항

  - 복사, 스캔인쇄, 팩스 등 사본 제출 불가
  - '개인정보 수집/이용 및 제3자 제공 동의서' 내 개인정보 및 자필 서명은 여권 상의 개인정보 및 자필 서명과 일치(자필 서명 외 도장 또는 지문 불가)
  - 컴퓨터 및 수기 작성 모두 가능(단, 서명은 반드시 자필로 할 것)

3) 여권 신원면 사본

* 주의사항 1

- 여권의 서명란에 반드시 자필 서명 후, A4용지에 복사 또는 스캔인쇄 제출(컬러/흑백 모두 가능)
- 가능한 A4용지에 일대일 크기 사본
- '여권 신원면 사본' 내 개인정보 및 자필 서명 등 육안으로 식별 가능해야 함.

* 주의사항 2

- 병역의무자(미필자)의 경우 영국 YMS 비자 신청 전 병무청에 국외여행허가 및 여권 연장 관련 사항 반드시 문의하시기 바람.

4) 공인영어성적증명서 사본

- 공인영어성적증명서 종류는 아래와 같으며, 해당 기준 점수 이상인 성적증명서 1개만 제출하면 됨.

TOEIC	TOEFL			TEPS	G-TELP	FLEX	IELTS
	iBT	PBT	CBT		(GLT Lv.2)		
600	69	523	193	485	55	485	5.0

* 주의사항 1

- 성적증명서 내 개인정보는 여권 상의 개인정보와 일치해야 함.
- A4용지에 복사 또는 스캔인쇄 제출(컬러/흑백 모두 가능)
- 가능한 A4용지에 일대일 크기 사본
- '성적증명서 사본' 내 개인정보 및 점수 등 육안으로 식별 가능해야 함.(단, 영문 성명의 경우 하이픈(-) 및 띄어쓰기 예외)
- 추후 정부후원보증서 발급대상자 중 공인영어성적증명서 원본 제출을 요구할 수 있음.

* 주의사항 2(장애인 전형 시험 및 IELTS 발급자만 해당)

- 장애인 전형 시험에 응시한 경우, 증빙 서류를 함께 제출(장애인 증명서 등)
- IELTS의 경우, 이미 다른 기관에 원본을 제출하여 동 기관에서 더 이상 개인발급을 허가하지 않을 경우 아래 명시한 접수기간 내 발급기관을 통한 등기우편 제출 가능(단, 발급기관을 통한 영어성적증명서 별도 제출을 여타 구비서류 제출시 표기할 것)

- 개인이 IELTS 원본을 가지고 있는 경우에는 사본 제출

* 대표적인 구비서류 결격 사례

o 자기소개서 및 서약서 원본

- 신청인 성명 및 자필 서명 미기재
- 자필 서명이 여권 서명과 다름.
- 최신 서식이 아닌 이전 서식 사용

o 개인정보 수집/이용 및 제3자 제공 동의서 원본

- 신청인 성명 및 자필 서명 미기재
- 자필 서명이 여권 서명과 다름.
- 동의 여부 선택 미기재
- 최신 서식이 아닌 이전 서식 사용

o 여권 신원면 사본

- 자필 서명 없음
- 개인정보 및 자필 서명 등 육안으로 식별 불가

o 공인영어성적증명서 사본

- 개인정보 및 점수 등 육안으로 식별 불가
- 영문성명 및 생년월일 등 개인정보 여권 정보와 다름.(단, 영문 성명의 경우 하이픈(-) 및 띄어쓰기 예외)

* 서류 접수 방법

· 접 수 일 : 공고 확인

· 접수방법 : 대한민국 내 우체국 등기우편

* 주의사항

- 접수된 구비서류는 반환하지 않음.
- 해외우편 또는 일반우편 접수 불가
- 상기 언급된 구비서류 외 추가 서류 제출 불가
- 개인별 1회만 접수가 가능하며, 구비서류를 분리 또는 추가 제출할 수 없음(단, 공인영어성적증명서 주의사항2는 예외)

o 접수처 주소

(우편번호) 03173

서울특별시 종로구 새문안로3길 36, 726호(내수동, 용비어천가)

외교부 워킹홀리데이 인포센터 YMS 정부후원보증서 담당자

- **정부후원보증서 발급대상자 선정 방법**
  - o 신청자가 1,000명을 초과하는 경우, 결격자 배제 후 전산추첨으로 선정
    - 신청서류 미비자, 허위서류 제출자, 허위사실 기재자 등을 고려하여 결격자 배제
  - o 신청자가 1,000명 이하인 경우 결격자 배제 후 전원 선정
  - o 추후 정부후원보증서 발급대상자 중 공인영어성적증명서 원본 제출을 요구할 수 있음.

3. YMS 비자 신청

* YMS 비자 신청은 정부후원보증서 발급대상자만 가능함.(단, 정부후원보증서 유효기간 내 가능)

* YMS 비자 신청 관련 절차는 예고 없이 변경될 수 있으며, 비자 신청 전 반드시 영국비자 지원센터 웹사이트에서 확인 요망(www.vfsglobal.co.uk/southkorea/korean)

* 영국 YMS 비자 안내 웹페이지: www.gov.uk/tier-5-youth-mobility

- **정부후원보증서를 발급받은 YMS 참가 희망자는 접수일부터 UK Visas & Immigration 웹사이트(www.visa4uk.fco.gov.uk)에 접속하여 온라인으로 비자신청서 작성**
  - o 비자발급 수수료: US$356(예고 없이 변동될 수 있으므로 상시 확인 요망)
  - o 온라인 신청 시 영국 예상 입국일 및 영국비자지원센터 방문예약일 지정

- **결핵검사(한국 소재 영국정부 지정병원에서만 가능)**
  - o 결핵검사 진단서는 영국비자지원센터 방문 시 구비서류 중 하나
  - o 한국에 거주하고 있으며, 영국에 6개월 이상 체류하기 위한 비자를 신청할 경우, 비자 신청 이전에 반드시 지정된 검사기관에서 결핵 검사 필요
  - * 관련 내용 안내 웹페이지(www.gov.uk/government/publications/tuberculosis-test-for-a-uk-visa-clinics-in-south-korea)
  - o 결핵검사 지정병원(사전 예약 및 방문 시 검사비용, 구비서류 준비)
    - 강남 세브란스 병원
      - · 주소 :(우 06273) 서울시 강남구 언주로 211(도곡동 146-92)
      - · 대표번호 : 02) 2019-1209/2804
    - 연세 세브란스 병원
      Visa Physical Examination Office(국제진료소 비자 신체검사실)

· 주소 :(우 03722) 서울시 서대문구 연세로 50-1

· 대표번호 : 02) 2228-5815

- **한국 소재 영국비자지원센터 방문**(www.vfsglobal.co.uk/southkorea/korean/)

o 정부후원보증서 유효기간 만료일 이전에 영국비자지원센터 방문

* 위치: 서울시 중구 소월로10 단암빌딩 5층(남대문로5가)

(회현역 5번 출구, 도보 5분)

o 방문 시 구비서류(예고 없이 변경될 수 있으므로 상시 확인 요망)

- 온라인 비자신청서 출력본 1부
- 본인 명의의 은행잔고 증명서(영문) 1부(1,890파운드 이상)
- 여권 원본
- 여권 신원면 사본 1매
- 여권 사진 1매
- 결핵검사진단서
- 정부후원보증서

o 방문 시 생체정보 수집(지문, 디지털사진 촬영)

o 비자발급 소요기간: 영국비자지원센터 방문 후 약 3주

4. 기타 참고사항

- **병역법 제70조에 따라 국외여행허가 대상인 자는 사전허가를 받은 후 출국 가능**

o 병역의무자의 병역 관련 사항은 정부후원보증서 신청 전 병무청에 개별 문의 요망 (1588-9090, www.mma.go.kr)

- **비자발급이 완료되면 참가자 개인별 일정에 따라 영국으로 출국**

o YMS 참가기간(최대 2년)은 YMS 비자에 명시된 시작일부터 종료일까지임.

o 영국비자지원센터 자주 묻는 질문 웹페이지 참고(www.vfsglobal.co.uk/southkorea/korean/frequently_asked_questions.html)

- **정부후원보증서 모집 관련 문의**

  o 인포센터 홈페이지의 FAQ 참고(www.whic.kr/infodesk/pdsfaq)

  * FAQ에 기재된 질문과 중복된 경우 답변하지 않음.

  o 기타 문의사항은 외교부 워킹홀리데이 인포센터 이메일을 통해서만 가능

  (이메일: workingholiday3@mofa.go.kr)

  - 전화 및 홈페이지 문의하기 게시판 문의에 대해 답변 불가

- **영국 청년교류제도(YMS) 비자 신청 관련 문의**

  o UK Visas and Immigration international enquiry service

  - 웹페이지 : ukvi-international.faq-help.com

  * 해당 웹페이지에서 South Korea 선택 후 이메일 및 연락처 정보 확인 가능

최대한 저렴하게 항공권 예약하기

United Kingdom
Working Holiday

비자 신청 시 입국 희망 날짜를 적는 부분이 있는데, 이 부분을 신중하게 적어야 한다. 그 이유는 바로 이 날짜가 비자 유효기간 시작 날짜이기 때문이다. 영국은 다른 워킹홀리데이 프로그램처럼 입국 날짜부터 1년간 진행되는 것이 아니라, 입국 희망 날짜부터 2년의 기간이 책정된다. 나는 9월 29일로 정했는데, 그건 항공권 예약일이 9월 29일이었기 때문이었다.

항공권 예약을 되도록 저렴하게 하기 위해서 어떻게 하면 할인을 받을 수 있는지 알아보던 중 국제학생증이 있으면 10~20만 원 정도 할인받을 수 있다는 것을 알게 되었다. 그런데 나의 국제학생증 유효기간이 9월까지였기 때문에 9월 29일로 입국 희망 날짜를 정했다.

국제학생증 ISIC사이트(www.isic.co.kr) 상단의 'Air Ticket' 부분을 선택하면 왼쪽에 예약/상담 신청하는 부분이 있다. 맨 위에 온라인 예약은 자신이 직접 항공사와 날짜 등을 선택하는 부분이다. 나는 일단 상담 신청을 통해 29일 혹은 30일에 런던으로 가는 항공권이 있는지 문의하였다. 그러자 29일은 모두 매진되고 30일 에티하드 항공사의 아부다비를 경유하는 항공권이 있다는 답 메일을 받았다. 유류할증료와 TAX 모두 포함해서 편도 54만 5천 원에 결제했다. 카드로 결제하려고 했지만 ISIC 항공권은 현금으로만 된다고 했다. 그래도 다른 국내 항공권 예매 사이트에서 검색해 보아도 거의 편도 65~79만 원 정도였는데, 확실히 ISIC를 통해서 구매하니 저

렴했다.

비행기는 9월 30일 새벽 1시 15분에 출발해 런던에 현지 시간으로 9월 30일 오후 1시 도착이었다. 경유지 아부다비까지 10시간 비행이고 3시간 대기 후 다시 런던행 비행기를 타는 것으로, 총 17시간 이동하는 장거리 비행이었다. 사실 국외여행은 처음이라 출국심사, 입국심사에 관한 어떤 것도 해본 적이 없었다. 또한 중간에 아부다비를 경유하기 때문에 짐을 아부다비에서 찾아야 하는지 아니면 런던에서 찾아야 하는지도 몰랐을 정도로 미숙하기 그지없었다.

한편으론 첫 국외여행이기 때문에 비즈니스나 퍼스트클래스에서 편안하게 시작하고 싶었지만 현실은 가난한 워홀러였기 때문에 고민할 필요도 없이 이코노미석을 택했다. 그리고 좌석을 선택하는 많은 기준들과 노하우들이 있지만 해외여행은 처음이라 어떤 좌석이 좋고 안 좋은지 몰라서 그냥 내 나이인 27살에 맞춰 27 창가 좌석을 선택했다. 통로 좌석에 앉을까도 했지만 창가에서 하늘도 보고 싶고 사진도 많이 찍고 싶어서 창가 좌석을 골랐다. 하지만 그 선택은 런던으로 가는 17시간 동안 내게 큰 시련을 주었다.

길에서 잘 수 없다, 호스텔 예약하기

United Kingdom Working Holiday

까다로운 영국 입국심사 관련 수기들을 읽어 보니 많은 곳에서 입국심사 때 영국에서 거주할 곳의 정보를 요구한다고 했다. 이때 한인 민박의 경우 영국 내에서 불법으로 인식되고 있어서 영국에서 지정된 호스텔 정보가 필요하다고 했다. 그래서 영국에 도착해서 지낼 숙소를 찾아보니 정말 다양하고 많은 호스텔들이 있었다. 그중에서 선택한 호스텔은 '애스터 하이드 파크 호스텔(Astor Hyde Park Hostel)'이었다. '애스터(Astor)' 브랜드의 호스텔은 다른 지역에도 여러 형태로 존재하는 듯했다. 사실 방 선택이 큰 고민이었다. 1인실부터 12인실까지 다양하게 있었는데, 가격대는 한화로 47,000원에서 24,000원이었다. 솔직히 17시간 비행기를 타고 와서 조용히 푹 쉬고 싶은 마음이 강했지만,

영국에 놀러온 것도 아니었기 때문에 경비를 최대한 아끼자는 마음과 함께 12인실이지만 항상 사람들이 가득하지도 않고 그렇게 시설도 나쁘지 않다는 평을 보고 12인실을 선택했다. 12인실은 1박에 13.50파운드로 한화로는 약 24,000원 정도였다. 예약은 호스텔월드 사이트(www.hostelworld.com)를 이용했다. 전체 금액을 다 결제하는 줄 알았는데 10%의 보증금과 서비스 요금(Service Charge) $2를 합해 $8.68만 결제했다. 나머지 금액은 도착해서 지불하는 방식이었다. 나는 3일 정도만 호스텔에서 지내면서 휴대전화를 개통하고 은행 계좌를 열려고 계획했다. 지금 생각하면 이렇게 짧은 기간을 예상하다니 정말 무모하기 이를 데 없었다.

TIP-BOX

애스터 하이드 파크 호스텔(Astor Hyde Park Hostel)

191 Queen's Gate, London SW7 5EU United Kingdom

+44 20 7581 0103

가격 : 시기에 따라 상이

홈페이지 : www.astorhostels.co.uk

유비무환,
영국에서 대사관을 찾아라

United Kingdom
Working Holiday

외국의 일정 거주지역에서 90일 이상 체류하는 대한민국 국민은 해당 공관에 재외국민 등록을 해야 한다. 재외국민 등록은 직접 방문이나 우편으로 신청할 수 있다. 재외국민 등록을 하지 않아도 대사관 위치와 연락처는 비상시를 위해 반드시 알고 있어야 한다고 생각한다.

해외거주사실 증명서 발급을 원하면 주민등록등본 발급처럼 서류를 받을 수 있다. 이를 신청하기 위해서는 수수료와 반송봉투가 필요하다. 증명서는 국문으로 발급되는데 이는 한국 쪽으로 보내주는 것을 의미한다. 원한다면 영국 내 주소로 보내줄 수는 있지만, 국문 발급만 가능하다고 한다.

TIP-BOX

주영 대한민국 대사관
(Embassy of the Republic of Korea in the United Kingdom)

주소 : 60 Buckingham Gate, London SW1E 6AJ

대표전화 : (일반) +44 (0)20 7227 5500

(영사) +44 (0)20 7227 5505~7

이메일 : koreanembinuk@mofa.go.kr

근무시간 : 월요일~금요일

- 영사 민원실 근무시간 : 09:00~12:00 / 14:00~16:00
- 일반 업무시간 : 09:00~12:00 / 13:30~17:00

* 비자업무 : 10:00~12:00 / 14:00~16:00

비자업무는 오후에는 방문접수는 불가능하며 전화상담만 가능

재외국민으로 등록 시 필요한 서류

1. 재외국민등록부등본 교부 신청서
2. 여권사본(인적사항면, 영국 최초 입국면, 영국 비자면)

영국식 이력서(CV)와 커버 레터(Cover Letter), 면접 준비

United Kingdom Working Holiday

영국, 아니 좀 더 정확하게 말하자면 유럽권에서는 이력서를 작성할 때 미국식 Résumé 양식보다 유럽식 Curriculum Vitae(CV) 양식을 선호한다. 대부분 비슷하지만 CV가 이력을 기술하는 방식이 좀 더 서술적이다. CV 작성 시 주의해야 할 점을 살펴보면 다음과 같다.

1. CV 작성 시 주의점

① **양식(Well-structured and presented)** CV는 두 장이 가장 이상적이며, 두 번째 장에도 이름을 명시해야 한다. 중요한 직무는 Bold 처

리를 하고 쪽 수도 반드시 표시하는 것이 좋다. 폰트의 경우 일반적으로 많이 사용하는 Times New Roman 또는 Arial을 사용해야 상대방이 폰트가 없어 양식이 깨지는 경우를 방지할 수 있다. 또 한국에서 준비했을 때는 사진을 추가했었는데, 보통의 CV에는 사진을 첨부하지 않는다.

② **맞춤법과 문법(Correct spelling and grammar)** 영어가 모국어가 아닌 사람에게는 가장 힘든 부분일 것이다. 하지만 HR 매니저님이 말씀하시길 철자 오타가 나오면 바로 휴지통이라고 한다. 몇 백 장 혹은 몇 천 장의 CV를 검토하다 보니 가차 없다고 한다. 작성 후 꼭 프린트해서 다른 사람들에게 교정을 부탁하는 것이 필요하다.

③ **Personal summary** CV 연락처 작성 후 가장 먼저 서술하게 되는 부분인데, 많은 사람이 Team player, Hard worker 등 유사한 표현 문구를 많이 사용한다. 하지만 자신만의 스토리라인을 적는 것이 매우 중요하다.

또 자신에 관한 모든 내용을 서술하기보다는 직무와 관련된 내용을 중심으로 구성해야 한다.

④ **Action words** 지난 경력이나 학과 활동을 적을 때 CV에서는 'I did~'의 표현이 아니라 3인칭 시점으로 Action words를 서술해

야 한다. 예를 들면 'For my project, I had to carry out a survey of patients'라고 경력을 서술하기보다는 'Devised and prepared a survey of patients'라고 표현하는 것이 더 적절하다. 이렇게 앞부분에 사용되는 단어를 Action words라고 하는데, 수동적 단어보다는 능동적 단어를 선택해야 한다. Made invoices보다는 Provided invoices식의 표현이 더 긍정적이고 능동적인 서술 형태이다. CV에 사용하는 중요 Action words는 검색하면 쉽게 확인할 수 있다.

⑤ **경력단절 설명(No gap)** 한두 달은 상관없지만 1년 넘는 공백은 반드시 서술이 필요하다. 하지만 그 서술 또한 긍정적이고 생산적으로 표현하는 것이 중요하다.

2. Cover letter 작성 시 주의점

Cover letter는 CV와 함께 간략하게 자기소개와 경력을 서술하는 편지 형태의 지원 서류이다.

① **양식** Cover letter 역시 워드(word) 형식으로 준비한다. 1장을 넘지 않도록 하고, Dear Sir/Madam 등의 표현은 지양한다. 수신 담당자의 이름을 확인해서 작성하는 것이 바람직하다.

② **직무 기술서(Job description) 확인** 직무 기술서에서 핵심이 될 만한 단어를 확인한 뒤 관련 예를 서술한다. 한 단락 정도 왜 내가 가장 적합한 지원자인지 설명하는 부분을 만들자.

③ **마지막은 공격적이지 않고 겸손하게** 미국이나 다른 유럽국가의 Cover letter는 자신감 있게 마무리하면서 표현하는 것이 중요할지 모르지만, 영국은 아니다. 최대한 겸손하게 더 많은 이야기를 나눌 수 있는 시간이 있었으면 좋겠다는 등의 표현으로 공손한 문구를 사용하자.

3. 면접 준비 시 주의점

① **준비! 준비! 또 준비!** 회사의 정보, 위치, 직무명, 가치관, 인재상 등의 확인은 필수다. 직무 기술서에서 필수적으로 명시한 부분의 적합한 예를 모두 준비해야 한다.

② **악수는 힘 있고 자신감 있게** 한국과 문화적으로 차이가 있는 것이 악수이다. 우리는 악수를 할 때 강하거나 약하거나 큰 상관이 없지만, 영국에서는 손을 좀 더 강하게 흔들어야 한다. 악수를 약하게 할 경우 자신감이 없다고 판단한다.

③ **눈 마주침(Eye contact)은 필수** 상대의 눈을 피한다는 건 무엇인가 거짓을 말하기 때문이라고 생각하기 때문에 눈을 마주치는 것이 중요하다.

④ **정시보다 일찍** 특히 영국은 교통 지연이 빈번하므로 미리미리 가서 준비해야 한다. 당연한 이야기이지만 지각은 절대 안 된다. 막 도착한 것도 좋지 않다.

⑤ **영어는 자신 있고 빠르게** 미리미리 준비한 사람은 막힘없이 표현하지만, 그렇지 않은 사람은 티가 확 난다. 원어민이 아니기 때문에 완벽하지는 못하더라도 꾸준히 준비하고 공부하면서 자주 쓸 수 있는 표현들은 암기해 두는 것이 도움이 된다.

영국 대표 신문사 가디언(Guardian) 홈페이지(http://jobs.theguardian.com/article/how-to-spruce-up-your-cv/)에 가면 CV와 Cover Letter 및 면접에 관한 정보들을 자세히 확인할 수 있다.

지역 선택에 여유를 갖자

United Kingdom
Working Holiday

지역을 선택하기 전에 영국과 각 지역에 대해서 자세히 알아봐야 할 것 같다. 영국은 유럽 대륙의 서북쪽에 위치한 섬나라이다. 그레이트브리튼 섬에는 잉글랜드, 웨일스, 스코틀랜드가 있고, 아일랜드 섬 북쪽에는 북아일랜드가 있다. 우리가 말하는 영국은 이 4개의 나라가 연합하여 이루어진 연합국을 지칭한다. 수도는 잉글랜드의 런던이다. 그리고 영국은 입헌군주제이기 때문에 '군림하나 통치하지 않는다'는 엘리자베스 2세 여왕님이 계신다. 또한 유럽연합(EU)에 속하지만 유로를 사용하지 않고 파운드(£)를 사용한다. 면적은 24만 3,601km^{2}로 우리나라 면적인 9만 9,720km^{2}의 약 2.5배 정도 된다. 인구는 6,374만 2,977명으로 세계 22위이며, 우리나라의 경우는 약 5,139만 5,238명으로 세계 26위이다. 기후는 해양성 기후로 여름은 선선하고 겨울은 따뜻하지만 비가 자주 내리는 편이다.

각 나라의 주요 도시와 특징들을 자세히 살펴보면 다음과 같다.

나라	도시	특징
잉글랜드	London	영국의 수도이자 대부분의 워홀러들이 선택하는 지역이다. 살인적인 물가의 도시답게 방값은 주에 100~150파운드 정도 하고, 교통비는 한 달에 120파운드 정도 한다. 하지만 일자리도 많고 다양한 문화생활을 경험할 수 있다는 장점이 있다.
	Brighton	잉글랜드 남부에 위치한 관광지역이다. 대부분 여름이 가장 활발한 때이기 때문에 일자리를 구하려면 여름에 가는 것이 좋다. 겨울이나 가을은 조금은 심심할 수 있다.
	Bournemouth	잉글랜드 남부 바닷가에 위치해 있어서 여름이 가장 활기차다. 한국인들에게는 어학원 지역으로 많이 알려져 있기 때문에 영어 공부하러 온 한국인을 많이 볼 수 있다는 장점 혹은 단점이 있다.
	Cambridge/Oxford	대학의 도시이기 때문에 영어 공부 혹은 학업에 관심이 있다면 정말 좋아할 수 있는 도시이다. 하지만 학생들이 많은 지역이기 때문에 학기가 시작할 때는 방 구하기가 생각보다 어려울 수 있다.

잉글랜드	Bristol	영국 드라마 'Skins'를 보고 좋아했던 사람이라면 한 번쯤은 지내보고 싶은 지역이다.
	Bath	동화 속 마을 같은 곳에서 지내고 싶다면 이곳이 제격이다. 푸른 언덕 가운데 통일된 건축 양식은 바스만의 개성을 만들어 준다. 영국 사람들 사이에서도 관광지로 유명하기 때문에 상점이나 레스토랑 일자리를 구해볼 수도 있다.
	Liverpool	축구와 음악을 사랑한다면 리버풀도 괜찮은 지역이다. 개인적으로 리버풀 억양을 좋아하지만 강한 면이 있기 때문에 영어를 배우기 위해 간다면 고민을 해봐야 하는 요소이다.
	Manchester	축구를 정말 사랑하고 맨유 팬이라면 당연히 선택해야 할 장소이다. 또 축구와 관련된 일자리도 구할 수 있다는 장점이 있다.
	Birmingham	런던에 비해서 확실히 생활비와 집값은 저렴하다. 대형쇼핑몰 불링이 있기 때문에 서비스 분야에 경력이 있다면 도전해 볼만한 지역이다. 도시 외곽은 생각보다 조용한 느낌이 강한 도시이다.
	Essex	TOWIE를 좋아하는 사람은 한 번쯤 지내보고 싶은 지역이다. Essex 억양이 강한데, 사회적으로 그렇게 선호하는 억양은 아니다.

스코틀랜드	Edinburgh	스코틀랜드의 수도이다. 스코틀랜드의 강한 억양 때문에 선호하지 않는 지역이지만, 한 번 방문하면 그 매력에 빠져버리는 도시이다. 스코틀랜드의 주 도시이기 때문에 일자리도 상대적으로 찾기 괜찮은 편이다.
	Glasgow	개인적으로 워킹 홀리데이로 다시 오게 된다면 살고 싶은 지역이다. 정말 강한 억양이 매력적이고 스코틀랜드의 젊은 문화와 예술을 느낄 수 있는 도시이다. 상점들도 많아서 일자리도 구할 수 있는 가능성이 많으며, 상대적으로 생활비도 저렴하다.
	Inverness	스코틀랜드에서도 하일랜드에 위치한 주 도시이다. 브리튼섬의 가장 위쪽에 위치하기 때문에 겨울엔 단단히 각오를 해야 한다. 작은 도시라서 일자리 구하기는 어렵지만, 공부를 하거나 현지인들의 삶을 가까이서 느끼고 싶다면 추천하고 싶다. 네로호의 도시이다.
북아일랜드	Belfast	북아일랜드의 주 도시이다. 정치적으로 많이 불안정해서 저녁이나 오렌지데이 같은 때는 매우 위험하다. 하지만 오묘하게 섞인 아일랜드의 문화와 저렴한 생활비를 기대한다면 이곳이다. 월 525파운드면 방 4개짜리 단독주택을 임대할 수 있다. 가게가 많지는 않아서 정착을 원할 경우 구직활동을 해보고 결정하는 것이 좋다.

북아일랜드	Londonderry	성벽에 둘러싸인 도시라고 해야 할까? 정치적으로 민감한 사건이 발생했던 역사가 깊은 도시이다. 한국인들을 만나기 어려워 정말 현지인들의 삶에 들어가서 생활할 수 있다는 장점이 있지만, 그만큼 도시의 삶에서 멀어져 친구가 생기기 전까지 외로울 수 있다.

영국은 생각보다 크고 다양한 나라이다. 각 지역마다 정말 강한 지역 색과 억양들이 있다. 지역을 선택하기 전에 미리 살 곳을 정하고 오는 것도 좋지만, 한 달 정도 여유를 가지고 관심이 있는 지역에 여행 겸 다녀오고 결정하는 것도 좋은 방법이다. 또 2년 동안 한 곳에서 지내는 것도 좋지만 다양한 지역에서 생활해 보는 것도 영국을 더 깊게 이해하고 대화 소재를 만들 수 있는 방법이다. 사람이 늘 계획처럼 움직이는 것이 아니기 때문에 이곳에 정착하고 싶다고 해도 일자리 때문에 이동할 일들이 생기기도 한다. 그렇기 때문에 초기 지역이 모든 것을 결정할 수 있다는 생각은 안 했으면 좋겠다. 조금은 융통성과 여유를 갖고 지내는 것이 영국 생활의 시작일 수 있다.

초기 비용은 얼마나 준비를 해야 할까

United Kingdom
Working Holiday

어떤 지역을 선택하고 어떤 목표를 가지고 가는 지에 따라 초기 비용의 최소값은 많이 달라질 수 있다. 나의 경우는 런던이 아닌 영국 미들랜드 주의 버밍엄으로 정했고, 어학원은 등록하지 않고 바로 일을 구하기로 정했었다. 그 기준으로 큰 금액의 초기비용을 계산해 보면 다음과 같다.

분류	내용	금액	비고
비자	비자 신청비용	$320	한국에서 결제
항공료	비행기 편도(Ethihad)	545,000원	한국에서 결제
방값	런던 호스텔 예약(3일)	£40.5	£36.45 결제

	버밍엄 방값(보증금+월세)	£310+£310=£620	310 보증금 반환
	런던 호스텔 및 1주일 단기 방값	£150	
	런던 방값 (보증금 2주+2주+부동산소개비)	£180+£180+£40 =£400	
	£Sub total	£896.45	
교통비	Oyster Card(교통카드)	£5(보증금) £20(충전)	
	Southem Rail (London↔Birmingham)	£16	한국에서 결제
	Southem Rail (London→Birmingham)	£20	
	West Midlands with Metro Travel Card	£70	
	London Rail 한 달 정기권	£81	
	Sub total	£196	
통신요금	핸드폰 요금	£19	
식비	£5~£15/meal	£200	
기타	도서	£16	
Total(한국에서 결제한 비용 제외)		£1327.45	
비자 신청부터 초기 정착 총 비용		대략 350만 원	

영국에 도착해서 일자리를 구하기까지 대략 한 달 정도가 걸렸다. 그러는 동안 가지고 온 돈 1,500파운드(대략 250만 원) 중에서 1,300파운드 정도를 썼다. 비자 신청비용과 항공권까지 포함하면 대략

350만 원 정도의 초기 정착비가 들었다. 덧붙이자면 1기에는 결핵검사 비용 8만 원이 필요 없었으나 현재는 결핵검사를 의무적으로 해야 한다. 그리고 해외의료보험은 25만 원으로 가입할 수 있는데, 필수는 아니었기 때문에 나의 경우는 신청하지 않았다.

또한 생활비가 런던보다 상대적으로 저렴한 지역에 갔음에도 불구하고 예상치 못하게 런던으로 돌아오면서 이중으로 비용이 나갔다. 경험적으로 3개월 정도의 기간을 생각하고 런던 지역을 고려하고 있다면 500~600만 원 정도 초기 정착비용을 준비하는 것이 좋다고 생각한다. 어학원 등록을 원할 경우 추가적으로 200~1,500파운드 정도를 더 준비해야 한다. 미리 어학원을 등록해도 괜찮지만, 굳이 그럴 필요는 없다. 가격이 매우 저렴하거나 또는 무료인 수업들도 지역마다 있으니 정착해서 조금은 시간을 갖고 지역 정보를 찾아보고 어학원을 등록하는 것도 좋은 방법 중 하나이다.

환전 및 국제현금카드 준비

United Kingdom Working Holiday

환전을 하기 전에 영국 화폐에 대해서 알고 있어야 한다. 영국의 화폐 단위는 파운드(Pound sterling)이다. 동전은 코인(Coin), 지폐는 노트(Note)로 구분한다. 미국의 경우 지폐를 빌(Bill)이라고 말하지만, 영국에서 '빌'은 계산서를 의미한다. 영국 동전은 한국 동전보다 무겁고 지폐는 조금 큰 편이다. 또한 파운드를 비격식으로 '퀴드(quid)'라고 표현하기도 한다. 동전보다는 지폐 단위에서 '퀴드'라고 표현하는 경우가 많다.

한국에서는 5파운드, 10파운드, 20파운드, 50파운드 지폐로 환전이 가능한데 50파운드는 생각보다 영국 현지에서 사용할 일이 많지 않다. 식당이나 교통편은 대부분 20파운드 선에서 사용이 가능하다. 그리고 여행자 수표와 현금을 나눠서 가져가는 것이 좋다고 하는데 내 경우에는 1,500파운드 모두 현금으로 환전해서 가지고 갔다. 환전은 파운드 가격이 낮아지는 시점을 잘 선택해 환율우대 쿠폰 등을 활용해서 최대한 많은 파운드를 확보하는 것이 좋다.

또 영국에서 계좌 개설 전에 사용할 수 있는 국제 현금카드 등을 준비해야 한다. 영국에 있는 시티은행의 경우에는 한국에도 지점이 있기 때문에 상담을 통해서 영국 계좌 개설에 필요한 자료나 상품을 준비해 두면 매우 유용하다.

구분	단위
Coin	1 p
	2 p
	5 p
	10 p
	20 p
	50 p
	1 pound (= 100 p)
	2 pound
Note	5 pound
	10 pound
	20 pound
	50 pound

영문 건강검진소견서 발급하기

United Kingdom
Working Holiday

이제는 결핵검사가 비자 신청 시 의무가 되었지만, 1기 때는 그런 항목이 없었다. 그래서 입국심사할 때 조금 수월하게 통과되기 위해서 영문 건강검진소견서를 준비했다. 굳이 비싼 병원에서 할 필요가 없다는 생각에 고향에 있는 보건소에서 25,000원 정도에 소견서를 발급받았는데, 시골 보건소에서 영문으로 발급하는 건 처음이라 서류 작성에만 1시간이 걸렸다.

이런 시.골!

NHS와 해외의료보험 신청

United Kingdom Working Holiday

1기의 경우 영국 국민보건서비스(NHS)를 무료로 이용할 수 있었다. 지역 보건소 개념의 GP에 가서 등록한 뒤 기본적인 신체검사를 마치면 몸이 아플 경우 무료로 영국 의료 서비스를 이용할 수 있었다. 이런 서비스 때문에 나의 경우에는 해외의료보험을 신청하지 않았다. 굳이 보험에 들지 않아도 아플 경우 NHS를 이용할 수 있었기 때문이다. 긴급하게 아픈 경우에도 무료로 이용할 수 있는 서비스가 있었다. 2년 동안 딱 한 번 몸이 아팠을 때 이용해 보았는데, 진료비와 약 값 모두 무료였다.

하지만 2015년 4월 6일부터 큰 변화가 생겼다. 영국 정부는 6개월 이상 영국 장기 체류 비자를 신청하는 사람들이 NHS를 제공받기 위해서는 의무적으로 건강 부담금을 납부해야 한다고 발표했다. 때문에 비자신청을 할 때 일반비자의 경우 200파운드, 유학생의 경우 150파운드를 온라인을 통해서 선지급 해야 한다.

따라서 해외의료보험과 NHS 비용을 함께 납부하게 될 경우 재정적으로 부담이 될 수 있다. 본인의 여건과 상황에 맞게 지혜롭게 선택하자.

홈스테이를 해야 할까 아니면 자취를 해야 할까

United Kingdom Working Holiday

홈스테이의 장점이라고 한다면 낯선 영국 땅에서 누군가 챙겨주는 사람이 생긴다는 것이다. 홈스테이는 집주인과 그냥 함께 사는 것일 수도 있고, 혹은 식사를 챙겨주는 경우일 수도 있다. 집주인 가족이 있다면 영국적인 문화를 느낄 수 있다는 장점이 있지만, 나의 경험으로 볼 때 생각과는 상당히 다를 수 있다. 영국적인 마인드는 강한 개인주의와 가족 중심주의이기 때문에 아무리 홈스테이로 왔더라도 개별적인 삶을 지향할 것이다. 한국적인 관계를 기대하거나 영국 문화를 깊게 느끼기에는 생각보다 어려울 수 있다는 이야기다.

자취를 할 경우 혼자 모든 일들을 해나가야 한다. 또 비싼 방값 때문에 혼자 집을 구해서 살기 보다는 대부분 집을 함께 쓰는 형태가 많다. 그러나 그렇기 때문에 오히려 그들과 더 친하게 지내면서 교류할 기회가 더 많다. 물론 어떤 홈스테이 가족, 어떤 하우스메이트를 만나는지에 따라 달라지겠지만 말이다.

따라서 처음에는 한 달이나 두 달 정도 홈스테이를 하면서 영국을 이해하고, 그 이후에 좀 더 독립된 생활을 위해 자취를 해보는 것이 좋다.

영국 생활의 보물 창고

United Kingdom Working Holiday

영국 생활을 준비하는 사람과 영국에서 사는 한국 사람들이 모두 아는 사이트 하나가 있다. 그것은 바로 '영국사랑(www.04uk.com)'이다. 가장 기본적인 부동산 정보부터 일자리 정보 및 생활용품 교환 등 영국 생활에 필요한 모든 것을 얻을 수 있다. 아무리 한국 생활에서 떨어져 살겠다고 하더라도 한국 커뮤니티의 힘이 필요할 때가 있다.

또 영국에서 일자리를 구할 때 유용한 사이트들이 있다. 원하는 브랜드가 있다면 직접 사이트에 접속해서 일자리를 찾으면 되지만, 전체적으로 확인하고 검색하고 싶다면 다음의 사이트를 활용하는 것이 유용하다.

TIP-BOX

www.totaljobs.com

www.reed.co.uk

www.indeed.co.uk

www.toplanguagejobs.co.uk

www.gumtree.co.uk

jobs.theguardian.com

소중한 이들과의 작별인사

United Kingdom
Working Holiday

계약직으로 근무하고 있던 도서관이 이전 때문에 너무 바빴기 때문에 출국 전 주 수요일까지 계속 근무를 했다. 일주일 동안 차분히 영어 공부하면서 준비해야겠다는 나의 계획과 달리 엄청나게 정신없고 분주한 한 주였다. 이 기간 동안 필요한 서류들을 영문으로 공증 받고, 추가로 필요한 서류를 발급받고, 체류 시 필요한 돈을 환전하는 등 대부분 행정 처리에 시간이 많이 소요되었다. 그래도 틈틈이 친한 동생, 형, 누나, 친구들과 식사하면서 작별인사를 나누며 영국으로 떠날 준비를 진행해 나갔다.

시간을 돌리는 여행

United Kingdom
Working Holiday

내가 출국하는 날은 추석이었다. 다들 고향의 가족들을 보러 가는 날, 나는 어머니를 홀로 한국에 남겨두고 떠났다. 새벽 1시 출발이었기 때문에 밖은 어두웠다. 탑승을 기다리며 어두운 창밖을 바라보니 세상에 혼자가 된 것 같았다. 아무것도 보장된 것이 없었다. 당장 몇 개월 간은 생활할 자금이 있었지만 어디서부터 어떻게 시작해야 할지 몰랐다. 내 마음과 생각도 저 밖의 어둠처럼 캄캄했다.

국외여행은 처음이었던 나는 당시 좌석을 내 나이 숫자였던 27번 창가 자리로 선택했다. 고도가 올라갈수록 창가 자리 기온은 점점 낮아졌다. 좁은 공간 때문에 다리는 꼬일 대로 꼬였고, 승무원이 가져다 준 음식은 입으로 들어가는지 코로 들어가는지 모를 정도로 잠에 취했다.

영국은 과거에 산다. 서머타임이 시작되면 한국보다 8시간이 느리지만, 서머타임이 끝나면 한국보다 9시간 전에 산다. 언제나 같은 시간 안에서 살다가 처음 시간을 거스르는 여행을 했던 나는 모든 것이 어색했다.

중간 경유지인 아부다비 공항에서 잠시 머무른 뒤 다시 비행기에 올랐다. 하늘에서 바라본 중동의 땅은 푸름이라고는 찾아볼 수 없었고 황무지 사막에 원형 미로처럼 건물들이 놓여 있었다. 한국에 있을 때 친구들이 중동사람 닮았다고 장난쳤던지라 막상 중동에 오니 뭔가 기분이 묘했다. 이후 고도의 차가움 때문이었을까. 잠에서 깨서 창밖을 바라보니 작은 구름이 낮게 깔려 있었다. 그리고 그 사이사이로 장난감 같은 건물들이 보였다.

영국이었다.

그리고 그 순간 알 것 같았다. 왜 영국이 비가 많이 오는지. 섬나라인 영국은 바다에 둘러싸여 있기 때문에 습기를 가득 머금은 구름이 영국 땅을 자주 지나간다. 그리고 그 구름이 영국에 지속적으로 비를 내린다.

히드로 공항에 도착한 것은 일요일 오후였다. 입국심사 후기에서 하도 심각한 내용을 많이 봐서 살짝 긴장되었다. 친구들도 입국심사에서 거절당해서 다시 한국 오는 것 아니냐고 장난처럼 이야기했지만 막상 실제로, 그것도 생애 처음으로 입국심사를 받으려니 떨렸다. 6개월 이상 거주하는 사람은 엑스레이를 찍어야 한다고 들었지만 미리 보건소에서 발급 받아온 소견서 덕분에 긴장했던 것과는 달리 빠르게 통과하고 나올 수 있었다.

공항 밖으로 나와 처음 하려고 계획했던 것은 휴대전화 개통이었다. 미리 조사했을 때 심(Sim) 카드가 공항 자판기에 있으니 거기서 심 카드를 구매해 한국에서 쓰던 휴대전화에 넣으면 된다고 들었었다. 그러나 역시 인생은 계획대로 흘러가지 않는 법. 자판기에 있는 심 카드는 내 휴대전화 기종과는 맞지 않았다. 그래서 집에 공항에 잘 도착했다는 연락을 하지 못한 채 일단 숙소로 향해야 했다.

나는 지하철 표시를 따라서 이동했다. 런던 지하철과 버스 이용 시에는 '오이스터(Oyster)'라고 불리는 카드를 사용한다. 그래서 오

이스터 카드를 5파운드에 구매 후 20파운드를 충전했다. 20파운드가 이곳에서 얼마의 가치가 되는지 아직은 감을 잡을 수 없었다.

공항에서부터 지하철까지는 외국인들이 많았다. 하지만 아직까지는 그렇게 이국적인 느낌을 받지 못했다. 외국인들에게 둘러싸여 있어도 외국에 있다는 느낌은 그렇게 강하지 않았다. 그러나 지하철을 타고 몇 분이 지나지 않아서 가슴이 뛰기 시작했다. 히드로 공항에서 런던 시내로 들어가는 지하철 노선인 피카딜리 라인(Piccadilly line)은 시내에 가까이 들어가기 전까지 지상으로 이동한다. 때문에 밖의 풍경을 볼 수 있었는데 런던의 집들과 거리를 보고 '정말 내가 외국에 있구나'를 실감하게 되었다. 더욱이 나는 해외에 나가본 경험이 이번이 처음이라서 그 인상은 더 강했던 것 같다. 런던의 거리와 집들은 정말 장난감 집들 같았다. 높은 빌딩과 아파트들은 보이지 않았고, 일렬로 쭉 늘어선 작은 집들과 거리의 사람들이 보였다.

한국에서 예약해둔 호스텔은 글로스터 로드(Gloucester road) 근처에 있었다. 역에 도착해서 내리려는데 사람들이 너무 많아서 가져온 가방으로 사람들을 다 치면서 내렸다.

호스텔에 도착해서는 예약한 금액 외의 잔금을 내고 대충 짐 정리 후 바로 나왔다. 피곤해서 쉴까도 했지만 도착한 날이 일요일이었기 때문에 교회에 가서 예배를 드리면서 영국 생활을 시작하고 싶었다. 찬양으로 유명한 '힐송(Hillsong) 교회'가 호주에 있는데, 이곳 런던에도 있다는 정보를 듣고 그곳을 향해 걸음을 옮겼다. 배가 고프긴 했지만 6시 예배라서 일단 예배에 참석하고 나서 저녁을 먹기로 했다. 그리고 예배가 끝난 후 저녁을 먹을 식당을 찾기 위해 도로를 보는데 이럴수가! 문화 충격이었다. 모든 상점, 레스토랑들이 문을 닫은 것이다. 시간이 8시밖에 안 되었는데, 한국이라면 한참 장사를 해야 할 시간인데 문을 닫은 것이다. 그렇다. 영국은 주말 혹은 주중에도 대부분 6시면 모든 가게와 상점들이 문을 닫는다. 물론 지역마다 차이가 있지만 대부분 그렇다. 런던의 경우 조금 늦게까지 열기도 하지만 외곽이나 다른 도시들을 가게 되면 더 일찍 문을 닫는다.

어떤 사람은 서양의 문화를 개인주의적이라고 이야기한다. 그리고 동양의 문화를 관계 중심적이고 가족 중심적인 문화라고 이야기한다. 물론 맞는 이야기이다. 하지만 영국은 어떤 면에서 한국보다 더 가족 중심적인 문화이다. 영국에서는 퇴근 후 직장동료들과 식사를 하거나 회식을 하지 않고 가족들과 함께한다. 상점들도 저녁 늦게까지 영업을 하면서 돈을 벌기보다는 저녁 시간은 가족들과 함께 보내기 위해서 문을 닫는다.

우리나라는 어떻게 살고 있을까? 회사에서는 저녁 늦게까지 야근을 하면 열심히 일한다고 생각한다. 아이들은 학교 수업이 끝나도 학원에 가서 또 공부한다. 그리고 공부하는 시간이 많으면 더 부지런하다고 생각한다. 상점들은 심지어는 24시간 동안 영업을 하면서 돈을 번다. 그러면 사업이 성공하고 있다고 생각한다. 그런데 그런 삶 가운데 가족은 없다.

뭔가 쓸쓸한 감정이 올라왔다.

CHAPTER. 02

적응하기

나홀로 런던

United Kingdom
Working Holiday

버밍엄으로 떠나기 전 런던에서 자유롭게 보낼 수 있는 하루의 시간이 주어졌다. 나는 늦잠을 잔 뒤 9시쯤 호스텔을 나왔다. 우선 재외국민 등록을 하기 위해 대사관으로 향했다. 호스텔이 있는 지역은 사우스 켄싱턴(South Kensington)이고 대사관이 있는 곳은 빅토리아 역 근처였다. 시간도 넉넉했기 때문에 지도를 보며 천천히 거리와 사람들을 구경하면서 대사관으로 향했다. 하지만 빅토리아 역 근처에서 대사관을 못 찾아서 대사관에 전화해서야 겨우 도착할 수 있었다.

재외국민 등록을 하고 정처 없이 걷다 보니 눈앞에 빅벤이 보였다. 대사관과 빅벤은 가까운 거리에 있다. 거리를 구경하면서 돌아다니는데 생각보다 바람이 강했다. 왜 영국 사람들이 홍조가 있는지 알 것 같았다.

배가 고파서 들어간 '레온(LEON)' 매장에서 치킨랩과 오렌지주스로 점심을 해결했는데 7파운드가 나왔다. 아직 파운드와 한화의 비교가 빠르지 않아서 먹으면서 계산해보니 만 4천 원 정도 되는 금액이었다. 영국인들 틈에서 가격에 놀란 얼굴을 숨기고 런더너처럼 자연스레 먹었다.

조금 더 길을 따라 올라가니 세인트 폴(St. Paul) 성당 앞에 시티은행이 있었다. 아무 말도 안하고 돌아다니니 심심하기도 하고 해서 영어도 써볼 겸 은행에 들어가서 은행계좌 개설과 관련해서 상담을 요청했다. 안내원 누님께서는 이런 저런 설명을 친절하게 해주셨다.

범죄경력 같은 것도 물어보셔서 공증해갔던 서류도 보여줬다. 그러자 담당 직원을 소개해줬다. 담당 직원은 중요한 정보를 알려주었다. 영국 시티은행에서는 두 가지 방법으로 계좌를 열 수 있는데 첫째는 회사에 들어가서 그곳에서 추천서를 받아오는 방법, 둘째는 한국에 시티은행 계좌가 있다면 그곳에서 추천을 받아 계좌를 여는 방법이 있었다.

아직 직장이 없었기 때문에 두 번째 방법을 시도하기 위해 한국 시티은행에 문의를 했다. 그러자 한국에 시티은행 계좌가 있더라도 따로 개개인을 추천해주는 방법은 어렵지만, 한국에서 다른 국가 시티은행에 계좌를 열 수 있도록 정보를 등록해 주는 방법이 있다고 했다. 하지만 이것은 본인이 한국에서만 신청이 가능하다고 했다.

결국 직장을 구하기 전까지는 시티은행 계좌 개설은 어려웠다. 갑자기 들어가게 된 은행이었지만 영국 은행계좌 개설과 관련된 몇 가지 중요한 정보를 확인할 수 있었다.

그렇게 하루가 지나가고 저녁이 되니 비가 부슬부슬 내리기 시작했다. 근처 카페에 몸을 잠시 피했는데 계속 걸어 다녀서 그랬는지 급 피곤함이 몰려왔다. 하지만 오늘이 런던에서의 마지막 날이라는 마음 때문인지 바로 숙소로 돌아가고 싶지는 않았다.

지친 몸을 달랜 후 다시 런던을 느끼기 위해 카페 문을 나섰다.

버밍엄(Birmingham) 드림(dream)

United Kingdom Working Holiday

영국에서 정착할 장소로 처음 선택한 지역은 '버밍엄'이라는 도시였다. 영국 워킹홀리데이를 오면서 다짐했던 것 중에 하나는 '한국 사람은 되도록 만나지 말자'였다. 따라서 지역을 선정할 때 런던은 제외했다. 런던을 제외한 후 다음으로 큰 도시가 어디일까 알아보던 중 '버밍엄'이라는 도시가 눈에 들어왔다. 조사를 더 해보니 버밍엄은 산업혁명과 많은 관련이 있는 도시였다. 세계 최초의 제조업 도시로 산업혁명을 이끌었던 도시. 처음에는 이러한 정보를 보고 제조업 일자리가 많은 공업도시가 연상되었다. 그래서 일을 구하기가 상대적으로 런던보다 쉬울 것 같다는 기대가 생겨 이곳으로 가기로 정했다.

ROMAN WAY
15

영국 한인사회에서 유명한 커뮤니티 사이트인 '영국사랑'에서 버밍엄에 방이 나왔다는 공고를 보고 약속을 잡은 후 바로 버밍엄으로 향했다. 방의 가격은 월 310파운드에 더블룸(2명 정도 생활할 수 있는 큰 방)이었다. 런던의 방들은 한 달에 500~600파운드 정도 하기 때문에 상대적으로 저렴한 편이었다. 또한 버밍엄 대학교 근처에 위치한 곳이라 대부분 학생들이 거주하는 동네였고, 나무도 많고 자연경관도 좋아서 마음에 들었다. 그런데 조금 신경이 쓰였던 것은 한인 학생과 집을 함께 사용하는 점이었다. 최대한 한국인은 만나지 말자는 것이 나의 첫 다짐이었는데 한인과 함께 집을 쓰는 것이라 조금은 망설여졌다. 하지만 아무 연고 없는 영국 땅에서 바로 외국인과 지내는 것보다 이곳에서 현지 사정을 좀 파악하고 옮기는 것도 나쁘지 않다고 생각했다.

그런데 에이전시와 방을 계약하려는데 문제가 또 발생했다. 들어가려는 집은 학생들을 위한 집이라서 일을 하는 근로자의 경우 의회세금(Council tax)을 내야 했다. 집 종류에 따라 다른데 이 집은 연간 600파운드 정도를 나눠서 내게 된단다. 그리고 계약기간은 1년이었다. 한인, 세금, 계약기간 등 신경 써야 할 점들이 많았지만, 호스텔에서 3일 뒤에 바로 나와야 하는 상황이었기 때문에 다른 방을 돌아볼 여유가 없었다. 에이전시와 계약을 하고 나오면서 길을 지나가는데 영국 학생들이 이제는 중국인이 많아졌다는 이야기를 나누는 것을 들었다. 사실 영국에서 공부하고 거주하는 중국인들이 정말 많았다. 나를 중국인으로 생각한 것은 나의 외모 때문이 아니라 상대적

10

BLT
MARKS&
SPENCER

으로 늘어난 중국인들로 인한 일반화의 오류라고 생각되었다.

아무튼 아무것도 정해진 것이 없고 어디서 어떻게 일을 해야 할지도 막막했지만, 이제 시작이니 너무 걱정하지 않으려고 생각했다.

런던 호스텔에서 나오는 날은 화창했다. 늘 비가 내리는 영국이기 때문에 조금 걱정을 했는데 다행히 날씨가 좋았다. 런던에서 버밍엄으로 가는 기차는 유스턴(Euston)역에서 출발한다. 방을 보러 갈 때의 표는 한국에서 미리 예매를 해두었기 때문에 왕복 16파운드에 구매를 했지만, 이사를 위해 버밍엄으로 갈 때는 미리 예매를 해두지 못해서 편도 20파운드를 냈다. 영국에서는 모든 것이 미리 예매를 해두면 저렴하다. 콘서트나 공연의 경우도 다음 해에 열리는 것을 1년 전부터 예매를 받는다. 영국은 비단 문화 행사뿐만 아니라 공공 분야 서비스도 미리미리 예약하는 문화가 자리 잡고 있다.

무거운 캐리어를 들고 낑낑거리며 역에 도착했다. 점심을 먹지 못했기 때문에 M&S에서 샌드위치와 우유를 샀다. M&S는 역마다 슈퍼처럼 들어와 있는 곳이다. 샌드위치 종류가 정말 많아서 놀라웠다. 치킨, 생선, 소고기, 채소 등 다양한 종류의 샌드위치가 한 벽면을 가득 메우고 있었다. 런던은 세계에서 가장 물가가 비싼 도시라는 명성답게 샌드위치들도 대부분 한화로 약 5,000~6,000원 정도 했다. 하지만 우유의 경우는 달랐다. 우유는 비슷하거나 혹은 더 저렴한 가격도 있었다. 일하는 직원 아주머니에게 "왜 이렇게 우유가 저렴해요? 한국보다 물가가 비싼 런던이 오히려 우유는 저렴한 것 같아요."라고 하자 "그럼 영국에 있는 동안 많이 먹어요."라고 말씀하셨다. 그렇게 영국인 아주머니와 이야기를 나누고 나자 기차 시간이 다 돼서 플랫폼으로 나갔다.

영국은 일찍이 철도 민영화가 진행되었기 때문에 다양한 열차 노선들이 있다. 내가 이용한 기차는 미드랜드(Midland)로, 버진(Virgin) 철도보다는 상대적으로 저렴한 노선이다. 표를 구매하면 편도일 경우 2장의 표가 나오는데, 하나는 역에서 플랫폼으로 나갈 때 넣고 하나는 기차 안에서 승무원이 요구할 때나 영수증으로 사용하면 된다. 미드랜드 열차의 경우 지정석이 아니므로 일찍 나가서 자신이 원하는 자리에 앉으면 된다. 간혹 표가 의자 위쪽에 꽂혀 있는 경우가 있는데 이는 지정석으로 선택한 경우이다. 그 자리들만 피해서 앉으면 된다.

그렇게 열차를 타고 한 시간 반가량을 가면 잉글랜드 중부도시의 기점인 버밍엄이 나온다. 산업혁명의 기점이 된 도시라 과거에는 영국 노동층이 많이 거주했지만, 현재는 다양한 인종들이 이주해 오면서 다문

화 도시가 되었다. 나중에 알게 된 사실인데 찰리의 초콜릿 공장의 배경이 된 곳이 버밍엄의 '캐드버리(Cadbury)' 초콜릿 공장이라고 한다.

나는 처음부터 사무직으로 근무할 수는 없다고 생각했다. 또한 전공이 심리학이기 때문에 바로 활용할 수 있는 직업군도 없었다. 버밍엄은 공업도시라고 했으니 공장에서 일을 하면서 영어 공부를 하여 나중에 더 좋은 직장으로 옮길 생각으로 이곳에 왔다. 하지만 부푼 꿈도 잠시, 추워지는 영국의 날씨처럼 10월의 찬바람이 버밍엄에서의 꿈들을 서서히 사라지게 하고 있었다.

TIP-BOX

영국의 교통정보

1. 런던교통(지하철/버스/Barclays 자전거) 정보

http://www.tfl.gov.uk/

2. 기차 정보

http://www.nationalrail.co.uk/

http://www.abelliogreateranglia.co.uk/

http://www.virgintrains.co.uk/

http://www.southernrailway.com/

3. 버스(Coach) 정보

http://www.nationalexpress.com/

4. 저가 항공사

http://www.ryanair.com/

http://www.easyjet.com/

http://www.aerlingus.com/

이제는 실전이다!

United Kingdom
Working Holiday

영국은 가을에서 겨울로 넘어가고 있었다. 난방 시스템이 달라서 생각보다 새벽에 한기가 많이 느껴졌다. 그래도 동생이 챙겨준 수면 양말이 추위를 이겨내는 역할을 톡톡히 해주었다. 몇몇 친구들은 어학원을 몇 개월 등록한 뒤 일자리를 구할 계획을 했지만, 나는 가져온 돈도 적고 해서 바로 일자리를 구해야 하는 상황이었다. 때문에 영국에서 일하기 위해 필요한 것들을 빠르게 준비해야 했다.

휴대전화 개통하기

United Kingdom Working Holiday

먼저 필요한 것은 영국 전화번호였다. 한국에서 사용하던 휴대전화를 가져왔기 때문에 영국 현지 심(Sim) 카드가 필요했다. 영국에서는 심 카드를 쉽게 구매할 수 있으며 각 심 카드마다 전화번호가 등록되어 있다. 아직 은행 계좌가 없었기 때문에 다달이 충전해서 사용하는 방식의 심 카드를 구매했다. 처음에는 잘 모르고 직원이 추천해줬던 심 카드를 사용했는데, 인터넷을 많이 사용해서 충전을 계속 하다 보니 첫 달에 통신 요금으로 꽤 많은 돈이 나갔다.

영국에는 Virgin, O2, EE, Orange, 3, Vodafone, giffgaff 등의 통신사가 있다. 본인이 사용하는 패턴에 따라 요금제와 상품을 선택하면 된다. 나의 경우에는 인터넷을 많이 사용했기 때문에 무제한이 가능한 3사의 요금제를 선택했다. 하지만 giffgaff도 무제한이 되면서 많은 사람들이 이용한다고 들었다. 휴대전화뿐만 아니라 인터넷도 신청할 수 있기 때문에 자세한 정보들은 해당 통신사와 상담을 해보면 된다.

T I P - B O X

영국 주요 통신사 홈페이지

Virgin: www.virginmobile.com

O2: www.o2.co.uK

EE: ee.co.uk

Orange: www.orange.co.uk

3: www.three.co.uk

Vodafone: www.vodafone.co.uk

Giffgaff: www.giffgaff.com

NI(National Insurance) 신청하기

United Kingdom Working Holiday

영국 현지 전화번호 다음으로 중요한 것은 NI(National Insurance) 번호 신청이다. 영국에서 근무하려는 사람은 반드시 이 번호가 있어야 근무할 수 있다. 물론 없어도 고용은 가능하지만, 근무하게 되면 반드시 신청을 해야 한다. 잡 센터(Job Centre)에 방문해서 NI 관련하여 문의하면 신청할 수 있는 전화번호가 담긴 서류를 제공해준다.

전화해서 NI 번호를 신청하고 싶다고 이야기하면 신

청서류를 집으로 보내준다. 전화 후 서류를 받기까지 대략 1주일 정도의 시간이 걸렸던 것 같다. 영국에서 어학연수 혹은 관광을 한 적이 없었기 때문에 기본 정보만 써넣으면 되었다.

그리고 여권사본과 입국날짜가 담긴 비자 사본을 함께 동봉해서 우체국에서 발송했다. 친절하게도 반송봉투가 함께 제공되어서 무료로 보낼 수 있었다. 이제 관련 부서에서 나의 서류를 확인 후 집으로 NI 번호가 담긴 카드를 보내줄 것이다. 이 번호는 고용계약서 작성 시 반드시 기재해야 하는 정보 중의 하나이다.

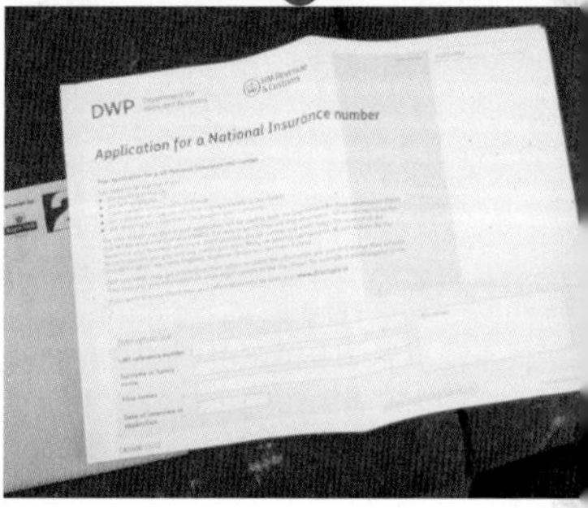

TIP-BOX

NI(National Insurance) 신청 관련 연락처

Job centre Plus application line: 0845 600 0643
National Insurance:
www.gov.uk/national-insurance/overview

이력서 출력하기

United Kingdom
Working Holiday

어디든 일을 하기 위해서는 이력서가 필요한 법. 한국에서 미리 출력해 왔지만 영국 전화번호와 영국 집 주소를 수정해서 출력해야 했기 때문에 버밍엄 공공도서관으로 갔다. 버밍엄 도서관은 영국에서 가장 큰 공공도서관으로, 유럽 내에서 가장 큰 지역도서관이라고 한다. 버밍엄에 거주하고 있다는 증빙서류만 있으면 누구나 도서관 카드를 발급받을 수 있다. 그래서 방 계약서를 보여주고 도서관 2층에서 카드를 만들었다. 그리고 도서관에서 CV를 수정한 후 여러 장 출력했다.

이상한 잡 에이전시

United Kingdom Working Holiday

은행계좌를 제외한 대부분의 굵직한 행정 처리가 마무리되고 있었다. CV가 완성되었기 때문에 이제부터는 근무할 수 있는 직장을 구해야 했다. 크게 일자리 정보를 얻는 방법은 인터넷 사이트, 지역신문, 잡 에이전시(Job Agency), 그리고 발로 뛰어다니면서 구하기이다. 오전에는 도서관에서 온라인으로 이력서를 보내고, 오후에는 도서관에 있는 지역신문을 보고 전화를 돌렸다. 또 출력한 CV를 들고 잡 에이전시를 방문해서 이력서를 내고, 지나면서 직원을 뽑는다는 문구가 있는 가게가 보이면 들어가서 CV를 줬다. 버밍엄에 도착해서 첫 주는 정말 매일 앞서 언급한 것처럼 보냈다. 하지만 감감무소식이었다. 버밍엄에서뿐만 아니라 다른 영국 지역에서도 잡 에이전시들을 쉽게 볼 수 있는데, 들어가서 얘기할 때마다 지금은 일자리가 없다, 6개월 이상 영국 내에서 거주했어야 한다면서 거절하기 일쑤였다. 한 번은 기차에서 전화를 받았는데 "이력서를 보고 연락을……" 하더니 전화가 끊어졌다. 달리는 기차 안이라 끊어진 것이었는데 발신번호도 표시가 안 됐었다. 그래서 CV를 냈던 가게들을 다시 다 돌아다니면서 혹시 전화했었는지 묻고 다녔다. 일자리를 구해야겠다는 생각이 가장 컸기 때문에 창피한 것도 없었다. 그렇게 돌아다니던 중 한 카페 매니저가 자기가 전화를 했다고 말했다. 그런데 아쉽게도 지금 경력이 있는 바리스타를 뽑기 때문에 일자리를 제공해줄 수는 없지만, 나중에 공석이 나면 연락을 해준다는 내용이었단다. 뭘 이리 친절하게 거절하나 싶었다.

그렇게 매일매일 일자리 구하기에 전념하고 있을 때 지역신문에서 공장직원을 구한다는 공고를 보았다. 처음에는 대학교 나와서 사무직만 하던 내가 타국까지 와서 공장에서 일하게 되는 건가 하는 생각에 조금 망설였다. 하지만 영어도 유창하지 않은 외국인인 내가 찬밥, 더운밥 따질 때가 아니었다. 그래서 바로 전화를 했다. 처음에는 공장일 것으로 생각했다. 그러나 통화를 하다 보니 에이전시와 통화를 하고 있다는 것을 알 수 있었다. 에이전시 측에서는 오늘은 늦었고 다음날 오전 10시까지 면접에 오라고 했다. 옷을 정장을 입어야 하는지 물어보니 그냥 편하게 오면 된다고 했다. 사실 어떻게 될지 몰라서 한국에서 정장과 구두도 함께 챙겨 왔었다. 남는 것이 시간인 나였기 때문에 알려준 주소로 미리 가보았다. 버밍엄에서 기차로 다섯 정거장 정도 떨어진 곳에 있었다.

다음 날 아침 10시까지 도착해야 했기 때문에 9시 정도에 기차역으로 가서 표를 구매했다. 영국에서는 9시 반 전에 표를 구매하면 더 비싸고 그 시간 이후에 구매하면 저렴하다. 하지만 10시에 도착을 해야 했기 때문에 9시 반 전에 기차표를 구매했다. 그리고 기차에 탔는데 몇 분 안 걸리는 거리였는데 꽤 오래갔다. 나는 9시 50분쯤 기차를 잘못 탔다는 것을 깨달았다. 부랴부랴 에이전시에 전화해서 이 지역이 처음이라(하지만 이미 전날 미리 위치까지 파악했었던 나다.) 기차를 잘못 타서 좀 늦을 것 같다고 양해를 구했다. 그랬더니 그럼 2시쯤 오라고 했다. 그래서 점심 먹고 다시 에이전시로 향했다. 도착한 시간은 약 1시 반쯤. 30분 정도 시간이 남아서 근처 카페에 가서 커피를 시켰다. 치열이 고르지 않은 여자 종업원이 지루한 듯이 테이블을 닦고 있었다. 언뜻 영국 드라마 '스킨스(Skins)'의 캐시(Cassie)를 닮은 듯한 인상이었다. 나는 맛없는 아메리카노를 마시면서 시간을 보내다가 2시에 에이전시로 들어갔다.

에이전시로 들어가니 3명쯤 앉아서 무언가를 열심히 하고 있었고, 내 전화를 받았던 직원 같은 사람이 바쁘게 울리는 전화와 서류들을 처리하고 있었다. 내가 가까이 다가가서 2시에 면접이 있어서 왔다고 하니 여권과 비

자를 보자고 했다. 목록을 확인하면서 왜 10시에 안 왔냐고 하더니 매니저와 이야기를 나눠야 한다면서 사무실로 들어갔다. 그리고 다시 와서 내가 가지고 있는 YMS 비자가 무엇인지 물어봤다. 나는 이번에 영국과 한국 사이에 처음 시행된 워킹홀리데이 프로그램으로 Youth Mobility Scheme 비자의 약자이고, 영국에서 2년 동안 풀타임 근무가 가능한 비자라고 설명했다. 이야기를 듣고 나자 다시 매니저와 이야기를 하더니 7장 정도 되는 서류를 주면서 다 작성하라고 했다. 학력, 직장경험, NI 번호, 은행계좌, 추천서 등을 기입해야 했다. 나는 NI 번호는 지금 신청 중이고 은행계좌는 아직 없다고 이야기했다. 왜 은행계좌가 없는지 묻기에 바클레이즈 은행에 갔더니 NI 번호가 있어야 한다고 해서 못 만들고 기다리고 있다고 답해줬다. 그랬더니 은행에서 언제부터 NI 번호를 요구했는지 모르겠다면서 나의 불편에 공감해줬다. 그리고 추천서는 대부분 2장을 요구하는데 나는 1장밖에 없다고 이야기 했더니 하나라도 써넣으라고 했다. 이외에도 수학문제와 영어문제가 있었다. 기본적인 수학문제였지만 영어로 문제가 쓰여 있어서 쉽지가 않았다. 그렇게 수학문제와 영어문제로 씨름하면서 신청양식을 써 내려가고 있는 동안 사무실에 정말 많은 사람이 다녀갔다.

먼저 한 흑인 아주머니는 자신이 어제 등록을 했는데 아직 소식이 없다면서 청소 일 잘하니까 어떤 일이든 들어오면 연락 달라고 직원에게 부탁했다. 그 다음으로는 청소년으로 보이는 흑인과 아랍 애들이 와서 시끄럽게 떠들면서 사무실을 서성거렸다. 서류를 접수하고 있던 직원이 떠들려면 나가서 떠들라고 하니 투덜거리면서 정말 나가서 떠들었다. 그리고 내 맞은편에는 폴란드에서 온 커플이 있었다. 영어를 유창하게 하지 못하는 내가 보기에도 정말 영어를 못하는 커플이었다. 담당 직원이 전에 무슨 일을 했었느냐고 물으니 여자애가 잘 못 알아듣겠다는 표정을 지었고, 남자애도 어떻게 설명해야 할지 머뭇거리고 있었다. 이 모습을 뒤에서 지켜보던 영국인이 '자기가 무슨 일을 했는지 말도 못하면서 여기는 왜 왔느냐'면서 비아냥거렸다.

일을 구하기 위해 노력하는 다양한 사람들을 보고 있는 사이 매니저가 내 이름을 불렀고, 면접이 시작되었다. 기초적인 신상정보 확인 후 한국에서 어떤 일을 했었는지 물었다. 대부분 사무직에서 근무했던 이야기를 하니 공장 같은 환경에서도 근무해 보았는지 물었다. 많이는 아니고 몇 달 방학 때 해보았지만 일할 수 있게 해 준다면 열심히 잘할 자신이 있다고 이야기했다. 이런저런 이야기를 하던 중에 나는 2년 동안 이곳에 있으면서 영어도 배우고 많은 경험을 하고 싶다고 말했다. 그랬더니 나에게 'Miss'라는 말을 했다. 그래서 난 'Mr'라고 했더니, 가족들이 그립지 않느냐고 물었다. 이렇게 부끄러울 데가 있나. 매일 시험영어만 공부하다가 직접 실생활에서 말하고 쓰려니 나의 부족한 영어 실력들이 나타나고 있었다.

면접이 끝나자 또 수학문제와 영어문제지를 주었다. '회사에 500

명의 직원이 있고 8월 말까지 14,000개의 신발을 준비해서 발송해야 한다. 그럼 한 사람이 몇 개의 신발을 담당해야 할까?'와 같은 문제들이 가득했고, 영어 철자 잘못된 부분을 찾는 문제들도 있었다.

나는 일자리 구하러 와서 영어문제로 고민하고 있는 내 상황이 뭔가 우스우면서도 감사했다.

'영국에서의 순간순간은
늘 영어 공부하는 시간이구나!'

열심히 모든 문제를 풀고 직원에게 주니 결과는 다음 주 화요일이나 수요일쯤에 연락을 해주겠다고 했다. 합격한 것이 아니었다. 더 기다려야 한다는 사실에 조금 맥이 빠졌다. 그렇게 집으로 돌아가려는 순간 아까 영어를 제대로 하지 못했던 폴란드 커플이 에이전시로부터 은행계좌 개설 추천서를 받는 것을 보았다. 이 기회를 놓칠 수 없는 나였기에 나도 그 추천서를 받을 수 있는지 물었고, 그 자리에서 바로 내게도 추천서를 발급해주었다.

은행계좌 개설하기

United Kingdom
Working Holiday

잡 에이전시에서 발급받은 추천서를 가지고 로이드 TSB(Lloyds TSB)라는 은행으로 갔다. 지금은 로이드와 TSB가 분리되었지만, 내가 계좌를 발급받을 당시에는 통합된 은행이었다.

은행계좌를 발급하고 싶다는 내 요청에 창구직원이 담당자와 확인하더니 지금 바로는 어렵고 오후 1시쯤으로 약속을 잡아줄 수 있다고 하였다. 영국은 계좌 개설의 경우 우리나라처럼 바로 가서 은행 업무를 처리할 수 있는 것이 아니라 사전에 미리 약속을 잡아야 한다. 은행을 찾아갔던 시간이 대략 12시경이었기 때문에 1시쯤 오겠다고 말을 하고 점심을 먹고 천천히 버밍엄 시내를 구경한 후 은행으로 향했다. 일하기 시작한 지 얼마 안 된 것 같은 신입 직원이 나를 상담실로 안내했다. 여권, 비자, 에이전시에서 받은 은행계좌 개설 추천서 등을 보여주자 은행직원은 잠시 자신의 매니저에게 전화 좀 하겠다고 양해를 구했다. 그리고 나와 이야기를 하면서도 계속해서 매니저와 통화를 하더니 은행계좌를 열 수 있을 것 같다고 말했다. 나는 한국에서처럼 통장과 카드가 바로 나올 것을 예상하고 있었는데, 은행직원이 통장은 없고 계좌번호가 담긴 편지가 나의 집으로 발송될 것이며, 비밀번호도 그 후에 발송될 것이라고 안내해줬다. 그리고 카드의 경우도 거주지로 발송되기 때문에 우편물을 확인해 달라고 했다. 여하튼 잡 에이전시의 추천서 덕분에 일자리를 구하기도 전에 은행계좌 개설까지 빠르게 할 수 있었다.

TIP-BOX

영국의 대표 은행들

Lloyd / TSB

예전에는 로이드 TSB로 함께 운영이 되었지만 경영상의 이유로 지금은 로이드와 TSB로 나누어졌다. 1765년 버밍엄에서 처음 시작되어 지금은 250년이 넘는 역사를 자랑하고 있는 대표 영국은행이다. 그러나 스코틀랜드와 북아일랜드에는 로이드 지점이 따로 없다. 스코틀랜드에서는 스코틀랜드 왕립은행 RBS(Royal Bank of Scotland)를 이용해야 하고, 북아일랜드에는 지점이 없고 로이드 고객센터가 있는 것이 특징이다.

Citibank UK

미국처럼 많은 지점은 아니지만 런던에도 4개의 시티은행 지점이 존재한다. 때문에 한국 시티은행 국제현금카드로 영국에서도 인출이 가능하다. 계좌를 개설할 경우 다른 영국은행들과 달리 월 수수료가 상품에 따라 다르게 존재한다.
한편 타 은행도 한국으로 송금은 가능하지만 그 기간이 오래 걸리는 반면 영국 시티은행은 1~2일 정도의 기간만 소요된다는 장점이 있다.

시티은행 지점

St. Pauls: Units 3 & 5, Paternoster House, St Paul's Churchyard, London, EC4M 8AB

Hanover Square: 3 Hanover Square, London, W1S 1HD

TIP - BOX

Canary Wharf: Promenade Level, Cabot Place East, Canary Wharf, London, E14 4QS
Canary Wharf: Citigroup Centre, 25 Canada Square, Canary Wharf, London, E14 5LB

Barclays

영국 프리미어리그 스폰서로 잘 알려진 영국의 대표은행 바클레이즈(Barclays)는 1690년부터 역사가 시작된 은행이다. 인터넷 뱅킹을 신청하면 코드를 입력할 수 있는 숫자 키패드를 제공해준다.

RBS(Royal Bank of Scotland)

스코틀랜드를 대표하는 은행이다. 잉글랜드 지폐와 함께 스코틀랜드 지폐가 따로 존재하지만, 모두 사용이 가능한 영국 화폐이다. 간혹 환전을 하거나 은행 지점에서 인출을 할 때 돈의 종류가 다르다고 당황할 필요가 없다. 북아일랜드 화폐를 비롯해 모두 형태가 다르지만 동일한 영국의 화폐들이다.

HSBC(Hongkong and Shanghai Banking Corporation)

1865년 스코틀랜드인 토마스 서덜랜드가 홍콩에 설립한 영국 대표 은행이다. 한국에도 지점이 있어서 금융상품 이용이 가능했지만, 현재는 모두 폐쇄되었다.

빈 공장들의 도시

United Kingdom
Working Holiday

영국 주소와 휴대전화번호, NI 번호와 CV, 그리고 영국은행 계좌까지 영국에서 일하기 위한 모든 준비가 마무리되었다. 이제는 가장 중요한 '직장'만이 남았다. 어떤 곳에서 첫 근무를 하게 될지는 알 수 없었으나 이르면 이를수록 좋았다. 이제부터는 발로 뛰면서 수단과 방법을 가리지 않고 일자리를 구해야 했다.

그러나 세계 최초의 제조업 도시, 산업혁명의 기점이 되었던 도시인 버밍엄에 대한 환상이 깨지기까지는 그리 오랜 시간이 걸리지 않았다. 처음에 나는 버밍엄을 마치 울산처럼 대형 제조업 공장들이 매우 바쁘게 돌아가는 도시일 것으로 예상했다. 따라서 일자리도 그만큼 많지 않을까 생각했다. 그런데 일자리를 찾기 위해 시내와 외곽을 돌아다니면서 보게 된 것은 제조업 도시가 아닌 서비스 산업도시로 변화한 버밍엄의 모습이었다. 예전에 공장이 운영되었던 지역은 사람들이 빠져나갔는지 한적하다 못해 음산하게 느껴졌고, 시내는 서비스 중심 산업들로 활발하게 움직이고 있었다. 그래서 기대했던 공장 관련 일을 구하는 것은 거의 불가능했다. 나중에 알게 된 사실이지만 영국 내 제조업이 쇠퇴하면서 많은 공장이 문을 닫아 다수의 사람들이 실직을 하고 지역을 떠났다고 한다. 하지만 현재는 서비스 산업분야에 집중하면서 88% 정도의 사람들이 서비스업에 종사하고 각종 국제회의를 유치하면서 도시 재건을 위해 노력 중이라고 한다.

등록했던 에이전시에서는 1주일이 넘게 연락이 없었고, 찾아가 본들 신청서를 작성할 때 본 흑인 아주머니와 같은 상황이 연출될 것 같아서 그냥 단념하기로 했다. 가슴이 막막해졌다.

코벤트리(Coventry) 방문기

United Kingdom
Working Holiday

아침에 일어나 씻고 노트북과 출력해 둔 CV를 들고 공공도서관으로 향했다. 오전에는 인터넷으로 계속해서 이력서를 작성해서 보냈다. 대부분 이름 있는 상점들은 CV를 갖고 가면 온라인으로 지원하길 원했기 때문이다. 이후 간단하게 점심을 먹고 오후에는 직접 돌아다녔다. 그렇게 생활한 지 10일 정도가 지나자 발과 발등이 너무 아파왔다. 영국에 오기 전 제약회사에 다니는 동생 진아가 약품 상자를 선물로 줘서 가지고 왔는데, 소화제나 연고 같은 제품을 먼저 쓸 줄 알았는데 가장 먼저 사용하게 된 것은 파스였다. 바닥이 돌이라 그런지 아니면 내가 너무 돌아다녀서 그런지 발이 너무 아파 결국 파스를 붙이게 되었다.

Coventry

BK60 FNW

이렇게 발로 돌아다니는 것도 한계가 있고 해서 조금 시야를 확장해야겠다고 생각했다. 버밍엄 시내 외에 일자리가 있을 만한 도시들을 살펴보던 중 버밍엄에서 기차로 20분 정도 되는 거리에 '코벤트리'라는 도시가 있다는 것을 알게 되었다. 기차 요금은 왕복 3파운드 정도여서 정기권을 끊으면 나쁘지 않을 것 같았다. 주저할 것 없이 바로 표 끊고 CV 챙겨서 코벤트리로 향했다.

첫인상은 버밍엄보다 작고 거리가 깨끗하다는 것이었다. 런던의 상징인 빨간 버스와 달리 하늘색 버스가 운행되고 있었으며, 목줄에 묶인 강아지들은 얌전했고 도시는 조용했다. 그러나 일자리를 구하기 위해서 에이전시와 상점들을 몇 시간 돌아보고 느낀 점은 일 구하기 힘들겠다는 것이었다. 버밍엄과 코벤트리의 서비스 업종에 종사하는 인종의 구성을 보면 대부분 파키스탄 혹은 인도 또는 흑인이었다. 동양인들도 가끔 있었지만 대부분이 중국인이었고 학생들이 많았다. 영국은 유럽연합 국가들 사이에서도 취업선호도가 높은 나라이기 때문에 많은 유럽권 사람들이 일자리를 위해 바다를 건너온다. 그런 치열한 노동시장에서 5,000마일이나 떨어진 곳에서 온 한 동양인 청년이 일을 구하기 위해 씨름을 하고 있으니, 결코 쉽지는 않은 일이었다.

솔직히 두려웠다. 갖고 온 돈은 점점 줄어들고 있었고 일자리는 구할 수 있을지 확실하지 않았으며, 방 계약기간은 내년까지 남아서 이사를 갈 수 있는 상황도 아니었다. 나는 다리도 아프고 계속 거절당하는 것도 지쳐서 CV 돌리는 것을 멈추고 도시를 천천히 구경하기로 했다.

코벤트리는
큰 공원과 숲이 많았다.

공원을 지나 마을로 들어가니 저녁 시간 때라 어머니들이 저녁 식사 장 봐온 것들로 식사 준비하기에 분주했다. 따뜻한 조명이 눈에 들어왔고 향긋한 음식 냄새가 났다. 집에 가고 싶었다. 무슨 부귀영화를 누리겠다고 아무 연고도 없는 영국 땅에 와서 나는 무엇을 하고 있는 것인지 회의감이 밀려왔다. 걷고 또 걸었다. 아무 생각 없이 계속 걸었다. 아름다운 풍경이었지만 내 마음은 너무 어둡고 차가웠다. 그렇게 걷다 보니 어느덧 버밍엄으로 돌아갈 시간이 되어 기차역으로 왔다.

기차를 기다리고 있는 동안 한 통의 전화를 받았다. 여기는 어디인데 월요일에 트라이얼(Trial) 올 수 있느냐는 내용이었다. 나는 눈물 나는 줄 알았다. 망설임 없이 당장 갈 수 있다고 이야기했다. 그런데 어딘지 제대로 처음에 못 들어서 미안하지만 어떤 회사인지 다시 물었다. 그러자 '와사비(Wasabi)'라고 했다. 와사비는 런던에 있는 테이크아웃 식 초밥 레스토랑이다. 와사비는 버밍엄에서 일이 잘 안 구해져 온라인으로 지원해 둔 곳 중의 하나였다. 그런데 이때 휴대전화 전원이 얼마 남지 않아서 끊어질 상황이었다. 그래서 내가 지금

휴대전화가 끊어질 수 있다고 설명하니 매니저가 그럼 내일 오전 중에 다시 연락을 해주겠다고 했다. 그 말을 듣고 바로 전화가 꺼졌다.

버밍엄으로 돌아오는 길에 많은 생각이 오갔다. 가장 큰 문제는 와사비에서 일하기 위해서는 런던으로 다시 가야 했다. 방 계약기간이 있었기 때문에 런던으로 이사를 가더라도 나를 대신해 들어올 사람을 찾지 못하면 내가 방값을 내야 했다. 그렇다고 출퇴근하기에는 교통비가 방값의 배가 넘었기 때문에 불가능했다. 하지만 한편으로는 그래도 일할 수 있는 곳이 있다는 사실에 안도감이 생겼다.

집으로 돌아와서 휴대전화를 충전했다. 위치를 제대로 파악하지 못했기 때문에 수신된 전화번호와 와사비 매장의 전화번호를 일일이 확인하면서 위치를 파악하니 런던 올드스트릿(Old Street) 지점이었다. 나는 다시 전화해서 아까 매니저와 통화하다가 전화가 꺼져서 다시 연락하는 것이라고 했더니 매니저가 퇴근해서 내일 다시 연락하란다. 알겠다고 하고 끊으니 조금 있다가 다른 번호로 문자가 왔다. 매장 주소와 함께 월요일 11시까지 트라이얼을 오면 된다는 내용이었다. 전화를 받은 때는 목요일로, 런던으로 가기까지 3일의 시간이 남아 있었다. 방 문제는 나중에 고민하고 일단 짐을 싸서 런던으로 다시 가기로 했다. 한인을 만나고 안 만나는 문제보다 더 중요한 것은 일자리 문제였다. 일을 못 구하면 런던은 고사하고 한국으로 다시 가야 했기 때문에 다른 선택의 여지가 없었다. 그렇게 나는 풀었던 나의 짐을 다시 캐리어에 담았다.

운명같이 만난 내 사랑 미란다

United Kingdom Working Holiday

새로운 것에 도전하면서 늘 느끼는 것은 가끔은 생각하지도 못했던, 나 자신조차 상상하지 못했던 일들이 일어난다는 점이다. 늘 안정적이고 변화 없이 매일 같이 반복되는 일상에서는 결코 만날 수 없는 일들, 운명과 같다고 많은 사람이 생각할 일들이 새로움을 추구하는 사람들에게는 일어나는 것 같다.

런던에서 전화를 받고 버밍엄에서 남은 날은 금, 토, 일요일 이렇게 3일이었다. 이제는 CV 돌리면서 시내를 돌아다니지 않아도 됐기 때문에 모처럼 관광객처럼 시내를 천천히 구경했다. 그러던 중 서점에서 한 광고를 보고 내 발이 멈췄고 가슴이 미친 듯이 뛰기 시작했다. '미란다' 자서전 팬 사인회 포스터였다.

미란다는 내가 영국에 대해서 흥미를 갖게 된 계기가 된 배우이다. 미국발음보다 영국발음이 더 강하고 멋있게 느껴졌던 나였기에 영국 드라마도 찾아보았었다. 그러던 중 많은 사람이 '미란다'라는 코미디 프로그램을 추천을 해주어 그렇게 '미란다'의 세계로 빠져들기 시작했다.

'미란다'는 남들이 흔히 말하는 노처녀이다. 친구도 없어서 과일로 친구들을 만들고 이름을 붙여서 같이 대화한다. 먹는 것을 좋아하고 연애 한 번 제대로 못 해본 30대 중반 여성이다. 키는 건장한 성인 남자와 맞먹을 정도로 크다. 그러나 실제 미란다는 정치 과학을 전공한 수재이다. 모든 극본은 본인이 다 쓰고 있다.

이 프로그램을 보면 영국 문화에 대해서 간접적으로 많은 정보를 얻을 수 있다. 영국 사회에서 싱글 여성에 대한 편견들, 보이지 않는 사회 계급에 따른 말투와 행동 습관들, 다양한 음식 문화와 의사소통 문화 등 조금은 노골적이고 한국보다 개방적인 대화들이 많지만, 그것도 영국의 문화이기 때문에 이해할 수 있었다.

그렇게 미란다 시즌 1과 2를 보면서 미란다의 팬이 되었고, 친구들에게도 소개해주면서 다들 미란다의 팬이 되었다. 사실 영국에 오기 전 하고 싶은 일들을 적은 목록 중에 '미란다 만나기'가 있었다. 솔직히 적으면서도 이 모든 목록 중에서 가장 현실성이 떨어지는 목표라고 생각했다. 그런데 그 목표가 가장 먼저 이루어질 상황이 된 것이다. 나는 서점 직원에게 정말 미란다가 오는지 물어보았다. 그랬더니 내일, 즉 토요일 오후 4시에 팬 사인회가 있을 예정인데 사람들이 많이 몰릴 수 있으니 오고 싶으면 일찍 오는 것이 좋을 거라고 이야기해주었다. 교회에서 만난 영국인 친구에게 이 이야기를 들려주었더니 사람들이 그렇게 많이 안 올 것이라면서 한 5명쯤 예상을 하는 것이었다. 그래도 여배우인데 5명은 좀 심하지 않나 생각을 했다.

그리고 하루가 지나 토요일이 되었다. 오후 4시에 시작이었지만 오후 2시쯤 서점으로 갔다. 5명은 무슨! 어마어마한 줄이 기다리고 있었다. 2시간 전인데도 사람들이 정말 많았다. 끝이 안 보이는 줄을 찾아 겨우겨우 섰더니 행사 진행하는 사람이 와서 책이 있어야 사인을 받을 수 있다고 말했다. 역시 마케팅이구나 하면서도 이 기회를 놓치고 싶지 않아서 책을 구매했다. 그리고 작은 선물이라도 주고 싶어서 초콜릿을 같이 사서 다시 줄로 돌아왔다. 날은 쌀쌀하고 2시간 동안 계속 서 있으려니 다리도 아프고 지루하고 심심했다. 사람들을 가만히 보니 동양인은 없었다. 한편 어떤 아이들은 미란다의 유행어를 따라 하기도 하고 미란다가 말처럼 뛰어다니던 행동을 따라 하기도 했다. 책을 읽으며 기다리는데 미란다의 억양과 말투가 들리는 것 같았다. 그렇게 시간이 흐르고 거의 3시간 반을 기다린 끝에 미란다를 만났다.

정말 그 미란다가 내 눈앞에 있고 악수를 하다니 꿈만 같았다. 선물로 가지고 있던 초콜릿을 주니 매우 고마워했다. 사실 선물을 준

Miranda
Hart
MIRANDA
HART

SWISS

사람이 나밖에 없었다. 여기는 팬이 선물하는 문화가 별로 없는 건가 싶었다. 아무튼 선물을 주니 어디서 왔느냐고 물어서 한국에서 왔다고 하니 내가 한국에서 그렇게 유명하냐고 물었다. 사실 그렇게 유명한 건 아닌데 좋게 이야기해주고 싶어서 정말 유명하니 한국에 꼭 와달라고 이야기해주었다. 더 이야기를 나누고 싶었지만 뒤에 사람들이 기다리고 있었기 때문에 같이 기념사진만 찍고 바로 나와야 했다.

이렇게 가장 실현 가능성이 낮다고 생각했던 목표가 가장 먼저 이루어졌다. 목표라기보다는 희망 사항에 가까웠던 계획이었다. 삶은 때때로 무언가를 꿈꾸는 이들에게 뜻밖의 선물을 주기도 하는 것 같다.

그럼에도 불구하고 런던

United Kingdom Working Holiday

짧은 버밍엄 생활을 마치고 런던으로 돌아왔다. 방 계약과 관련해서 부동산과 이야기를 해 보니 보증금을 안 받고 계약을 파기할 수 있는 것이 아니라 6월까지는 방세를 내야 하는데, 다른 세입자를 구하면 계약을 넘기면 된다고 했다. 부동산 측에서도 알아보겠다고는 했으나 학기가 시작한 지 2달이 넘었기 때문에 바로 구하기는 어려울 것이라는 이야기를 했다. 나도 나름대로 검트리(Gumtree)와 영사에 공고를 올리면서 계속 계약을 넘길 사람을 찾았다. 일자리를 구해서 기쁘기도 했지만 다른 한편으로는 방 문제 때문에 정말 가슴이 답답했다.

나는 버밍엄역으로 가는 기차가 있던 유스턴(Euston)역 근처 호스텔에 1주일 숙박하기로 했다. 일요일 오후에 런던에 도착 후 짐을 대충 정리해 두고 다시 밖으로 나왔다. 가슴도 답답하고 기분도 우울해서 비도 부슬부슬 오지만 좀 걷기로 했다. 워털루(Waterloo)역을 시작으로 밀레니엄 브리지(Millennium Bridge)를 지나 세인트 폴(St. Paul) 성당을 보고 런던 브리지(London Bridge)의 샤드(Shard)를 넘어 타워 브리지(Tower Bridge)까지 다녀왔다. 안개가 자욱한 것이 내 미래처럼 아득해서 더 마음이 착잡해졌다.

다음 날 와사비에 트라이얼(Trial)을 다녀왔다. 영국에서는 대부분 서비스 직종을 지원하면 트라이얼을 한다. 트라이얼이란 수습처럼 하루 잠깐 일하는 것을 의미하는데, 이때 매니저가 고용할지 안 할지 결정한다. 나는 한국인의 부지런함을 보여주려 열심히 뛰어다니면서 주문받고 청소했다. 매니저가 스페인 여자라서 그런지 스페인 직원들이 많았다. 같이 일하는 친구들도 다들 영어 실력이 비슷비슷해서 주눅 들지 않고 자연스럽게 많은 이야기를 나눌 수 있었다. 나

는 그곳에서 일을 시작할 수 있었다.

그러나 계속 방이 마음에 걸렸다. 방을 이전할 사람을 못 찾으면 버밍엄에도 방값을 내야 하고 이곳 런던에서도 방값을 내야 하는 상황이 되었다. 그렇게 하루하루 걱정 속에서 지내고 있을 때 고등학생을 둔 어머니께서 전화하셔서 버밍엄 방에 관하여 물어오셨다. 고등학생 아들이 버밍엄 근처 학교에 다니는데, 방학 때 지낼 곳이 필요하다는 것이었다. 매번 뉴몰든(한인타운)까지 와서 지내는 것보다 버밍엄 지역이 지리적으로 가까워서 방을 한번 보고 싶다고 하셨다. 정말 전화 받고 눈물 날 뻔 했다. 이후 약속을 잡고 함께 버밍엄에 다녀왔다. 방학 때마다 오셔서 지낼 공간이 필요했는데 마음에 드신다면서 계약을 하셨다. 정말 가슴 속에 있던 울산바위가 굴러 내려가는 기분이었다. 그렇게 방을 넘긴 후 다음으로 내가 해야 할 일은 런던에서 지낼 방을 구하는 것이었다.

버밍엄에서는 방을 먼저 구하고 직장을 구하러 돌아다녔다면, 런던에서는 직장을 먼저 구하고 방을 구해야 하는 상황이 되었다. 1주일 동안 호스텔의 작은 상자 같은 곳에서 잠을 자면서 아침에는 일하고 저녁마다 방을 보러 다녔다. 어느 날은 빅토리아 라인 가장 끝에 있는 지역에 방을 보러 다녀왔는데, 무슬림 지역에 있는 무슬림 가정의 집이었다. 모든 공과금이 포함된 싱글룸으로 월 450파운드에 보증금은 없었다. 런던은 존(Zone)으로 구역이 나누어져 가장 중심부가 1존, 그리고 점점 중앙에서 멀어질수록 2~6존으로 나누어지는데, 여기는 3존이었기 때문에 교통비가 조금 더 비쌌고 방의 크기도 가격에 비하면 조금 작은 느낌이었다. 주인아주머니께서는 우리는 무슬림 가정이기 때문에 돼지고기와 술은 절대 집에 가지고 오면 안 된다고 하셨다. 나는 무슬림을 직접 만나고 이야기하는 것이 처음이라 신기했다. 무슬림에 대해서 반감이 있는 것은 아니었지만, 일하는 곳에서 거리가 좀 있어서 선뜻 계약하겠다고 말하지 못했다.

어떻게 해야 하나 고민하고 있을 때 버밍엄 방 때문에 만났던 어머니께 다시 연락이 왔다. 런던에서 지냈던 집에서 1주일 동안 70파운드에 단기로 방을 내어 놓는다는 것이었다. 정말 감사했다. 그렇게 호스텔에서 나와 그 집으로 이사해서 1주일 정도의 시간을 다시 벌었다. 어머니께서 말씀해주신 방은 이스트 런던(East London) 지역으로 2012년 런던 월드컵 경기장 스트랫포드(Stratford)역 근처에 있었다. 이곳은 낙후된 이스트 지역을 개발하고자 만든 계획도시였다.

Overground →
Way out
WHITECHAPEL

단기로 있는 집에서 와사비 매장이 있는 리버풀 스트리트(Liverpool street)역까지 이동하면서 방이 있을 만한 지역을 돌아보았다. 먼저 내린 곳은 카나리 워프(Canary Wharf)로, 이곳은 JP 모건부터 각 글로벌 은행의 본사들이 있는 런던 금융의 핵심지역이다. 마치 한국의 여의도 같은 느낌이다. 그만큼 방값도 글로벌 은행원들이 감당할 만한 수준의 높은 금액이라 제외했다.

두 번째로 본 곳은 화이트 채플(White chapel)이라는 곳이었다. 사실 이곳은 영국 드라마 '화이트 채플' 때문에 너무 오고 싶었다. 이 지역은 영국 역사에서 가장 유명한 연쇄 살인범 잭 더 리퍼(Jack the Ripper)가 연쇄 살인을 했던 지역으로 유명하다. 그런데 현재의 화이트

채플은 거리의 노점상들로 인해서 매우 지저분하고 정신없는 모습이었다. 과거의 이야기 때문에 방값이 저렴할 것이라는 나의 예상과 달리 도심에 가까운 2존에 위치하기 때문에 방값도 만만치 않게 비쌌다.

나는 화이트 채플을 돌아본 후 지친 몸을 이끌고 집으로 돌아왔다. 영국에 온 한 달 동안 정말 많은 일이 일어났다. 생각하지 못했던 문제들이 끊임없이 나타났고, 또 생각지 못하게 해결이 되었다. 런던에서 방 구하는 것도 지금은 답이 보이지 않지만 늘 그랬던 것처럼 잘 해결될 수 있을 것이라고 마음을 스스로 다독였다.

바클레이즈(Barclays) 자전거 이용하기

United Kingdom
Working Holiday

런던을 돌아다니다 보면 영국 대표은행 바클레이즈(Barclays)의 로고가 붙어있는 자전거를 많이 볼 수 있다. 또 날씨가 좋은 날이면 많은 관광객들 혹은 직장인들이 이 자전거를 타고 차와 함께 달리는 모습도 볼 수 있다. 나는 런던에서 계속 걸어 다니는 것도 한계가 있고 자전거를 사기에는 가격도 부담이 되었던 터라 이 자전거를 이용해 보기로 했다. 이 자전거는 2008년부터 런던 시장으로 활동하고 있는 조금은 독특한 정치인 보리스 존스(Boris Johnson) 시장의 작품이다.

자전거가 모여 있는 곳 옆에 가면 자전거를 대여할 수 있는 스크린이 있다. 'Hire a cycle'을 선택하면 약관과 같은 내용이 나오며, 이용 시간을 정할 수 있다.

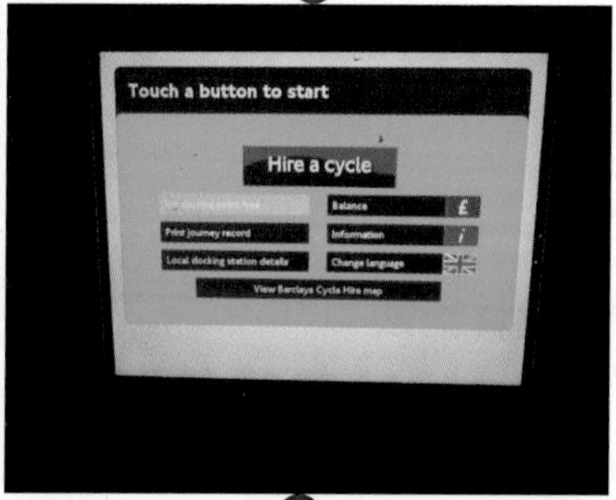
Touch a button to start
Hire a cycle
Balance
Print journey record
Information
Local docking station details
Change language
View Barclays Cycle Hire map

22131
32111

Please insert your payment card
Insert payment card in card reader below
Cancel

대여 시 기본 금액은 2파운드이고 30분 이상부터 30분 단위로 2파운드가 추가된다. 하지만 처음 30분은 무료이기 때문에 1시간을 이용한다고 생각하면 이용요금 2파운드와 추가 30분 요금 2파운드, 즉 총 4파운드를 납부하면 된다. 그런데 잘 생각해보면 1시간에 4파운드면 거의 1만 원 돈이다. 교통비가 비싼 영국이기 때문에 가까운 거리는 걸어 다니고 먼 거리는 버스를 이용하는 것이 훨씬 경제적일 수 있다.

결제를 마치면 5개의 숫자가 적힌 종이가 나온다. 이 종이를 가지고 자전거 보관대로 가면 옆에 숫자를 입력하는 곳이 있다. 안 눌리는 것 같아도 다섯 숫자를 모두 누르면 불빛이 초록색으로 변해 자전거를 보관대에서 뺄 수 있다. 계속 붉은 빛을 띠고 있더라도 천천히 다시 누르면 된다.

영국에서는 자전거 이용을 많이 하기 때문에 대부분 차도로 자전거가 다닌다. 자동차처럼 좌회전 혹은 우회전을 할 때에는 손으로 표시도 해주어야 한다. 한국처럼 인도로 자전거를 타고 돌아다닐 경우 사람들의 눈총 혹은 경찰의 제지를 받을 수도 있다. 그리고 다른 보관대에서 반납 또는 자전거를 교체하고 싶다면 새로운 번호를 다시 발급 받아야 한다.

런던에서 교회가기

United Kingdom
Working Holiday

나는 작은 시골의 기독교 가정에서 태어났다. 그래서 어린 시절부터 일요일마다 늘 교회를 갔다. 대학교 때문에 서울에서 지낼 때나 군 복무 기간에도 일요일에는 교회를 갔다. 나에게 교회는 집과 같은 곳이다. 힘들고 지칠 때마다 늘 위로가 되고 마음이 편안해지는 공간이다.

일할 곳도 정해졌으니 이제 일요일마다 다닐 교회를 정해야 했다. 한인교회를 다닐 수도 있었지만 애초에 목표한 것이 한인은 최대한 피하자는 것이었기 때문에 현지 교회를 알아보았다. 한국에 있을 때 장로교회에 다녔기 때문에 현지에서도 장로교회를 다니고 싶었다. 장로교회를 뜻하는 'Presbyterian Church'를 구글에서 검색하자 한 곳이 나왔다. 세인트 폴(St. Paul) 성당 근처에 위치해 일하는 곳과도 가까웠다.

솔직히 처음에는 조금 두려움이 있었다. '동양인이 왔다고 싫어하지는 않을까?', '영어 설교는 잘 알아들을 수 있을까?' 그래도 두려움을 이겨내고 구글 지도를 보고 근처까지 왔는데, 공원 같은 것만 있고 교회는 찾을 수 없었다. 그런데 알고 보니 교회는 그 공원 안쪽에 있었다. 어색함을 꾹 참고 들어갔더니 '이안(Ian)'이라는 분께서 친절하게 안내를 해주셨다.

이윽고 예배가 시작되었다. 영국에서의 예배는 많은 점이 달랐다. 먼저 한국에서는 장로님 혹은 집사님이 사회를 보시고 목사님께서 설교를 담당하시는데, 영국은 목사님이 직접 나와서 설교는 물론 광고와 찬양인도까지 다 하셨다. 한국 교회 목사님들은 권위적인 위엄이 있다면, 이곳의 목사님들은 모든 것을 다 담당하며 조금은 자유로워 보였다. 그리고 특이한 점은 피아노 반주가 없다는 점이었다. 몇몇 교회들은 피아노 반주가 있지만 보수적인 장로교회는 피아노 반주 없이 찬양한다. 다만 찬양할 때는 음을 잡는 분이 앞으로 나와서 찬양을 시작하면 그 음에 맞춰서 함께 찬양한다.

예배가 끝난 후 어색함의 극치로 어서 집으로 돌아가려는데, 목사님께서 "어느 나라에서 왔니?", "이곳은 처음이니?", "차랑 케이크 좀 먹고 가라"고 하시는 등 신경을 많이 써 주셨다. 사실 케이크를 좀 먹고 싶었는데 아무도 그쪽으로 안 가는데 처음 온 내가 먼저 가서 먹고 있으면 뭔가 좀 그래서 그냥 정중히 사양했다. 그러자 '앤디(Andy)'라는 분을 소개해주면서 자신은 이제 은퇴를 하고 다음 주부터는 이 목사님이 설교할 것이라는 이야기를 해주셨다. 그렇게 '앤디' 목사님과 처음 만나게 되었다. 스코틀랜드에서 오셨다는데 30대 초반의 매우 젊은 목사님이셨다. 사모님도 만났는데 무척 아름다웠다.

그리고 다음 주 다시 그 교회를 찾았다. 설교를 제대로 다 이해하지는 못했으나 그래도 집중해서 이해하려고 애를 썼다. 예배가 끝난 뒤 집에 갈까 어쩔까 고민하고 있는데 처음 교회에 왔을 때 인사해주셨던 '이안'이라는 분을 다시 만났다. 그리고 지난주에 만난 새로운 '앤디' 목사님께서 또 아는 척을 해주셨다. 또 어떤 권사님 같은 분께서 이번에도 차와 케이크를 좀 먹고 가라고 권해주셔서 이번에는 알겠다고 하고 남아 있었다. 그분과 함께 이야기를 나누다 보니 이번에 새로 부임한 앤디 목사님의 어머님이셨다. 어머님께서는 스코틀랜드에 놀러 올 일이 있으면 꼭 자기 집에 오라고 하시며 집 주소와 전화번호를 적어 주셨다. 그렇게 차를 마시고 이야기를 하는데 이번에는 스코틀랜드에서 온 젊은 여자아이가 오더니 자기소개를 했다. 아이에이샤(Ayasha)라는 아이인데 패션을 전공하고 런던에서 인턴 자리를 찾는 중이라고 했다. 그러면서 다른 젊은 친구들도 함께 소개를 해주었다. HSBC 은행에서 투자담당으로 일하고

있는 데이비드(David), 대만에서 사진으로 석사 전공과정을 밟으러 온 유엔(Yu-en), 아프리카 가나에서 영국으로 물리학 박사과정을 공부하러 온 다니엘(Daniel), 부산에서 석사 공부하러 온 한국인 여동생 초혜 등을 만났다.

예상치 못하게 많은 분들과 이야기를 하고 있는데 이번에는 마리나(Marina)라는 분께서 시간 있으면 점심식사를 함께 하자고 초대를 해주셨다. 다른 젊은 친구들은 안 간다고 해서 혼자 가기가 좀 어색했는데, 다니엘이 자기도 간다고 해서 같이 가기로 했다. 사실 식당 같은 곳을 빌려서 함께 식사를 하는 줄 알았는데 점심 장소는 초대를 해주신 마리나의 집이었다.

마리나, 남편 피터, 마리나와 피터의 외아들인 존, 마리안, 수석 간호사 마가렛, 이안, 이안 부인, 다니엘, 이름 모르는 부인, 나까지 총 10명이 함께 마리나 집에서 점심을 먹었다. 아프리카 가나에서 온 다니엘과 나를 제외하면 모두 영국인이었다. 영국식 점심을 처음 먹는 나에게 입맛에는 맞는지, 한국에서는 무엇을 먹는지 등을 물어보셨다. 나는 다 잘 먹고 아주 맛있다고 답해 드렸다. 그렇게 식사를 마치고 후식으로 크럼블(Crumble)과 트라이플(Trifle)을 내오셨는데 정말 맛있었다. 커피와 차를 마신 후에는 가볍게 산책을 했다. 산책하면서 이안 부인분과 함께 이야기를 나눴는데, 다음 주에 런던시장 취임식이 있으며 또 살기에 어떤 지역이 좋은지 등 많은 조언을 해주셨다. 산책 후 집으로 돌아와서 다시 커피, 차와 함께 케이크를 먹은 후 다시 저녁예배를 드리러 교회로 향했다. 사실 집에 가려고 했는데 함께 차를 타고 교회 근처까지 왔는데 집에 가기가 좀 그랬다.

저녁예배에 갔더니 스코틀랜드에서 온 아이에이샤가 저녁예배도 온 거냐면서 신기해했다. 은퇴 목사님께서 저녁설교를 해주신 후에는 또 차 마시는 시간이 있었다. 영국 사람들이 차를 좋아한다는 말은 정말 거짓이 아니었다. 이후 앤디 목사님께서 오시더니 다음 주 점심은 자기 집에서 같이 하자고 초대해주셨다. 나는 너무 감사해 꼭 가겠다고 했다. 그러던 와중에 다니엘이 자기가 런던에 온 지 이제 3개월밖에 안 되어서 제대로 런던 구경을 못했는데, 같이 구경하자고 했다. 그래서 주중에 함께 만나서 런던 구경을 하기로 했다.

영국에 온 지 약 한 달, 런던에서 버밍엄으로 그리고 다시 런던으로 왔다. 이리저리 이사를 하고 방과 일자리 때문에 가슴을 졸였다. 아는 사람 하나 없는 영국 땅에 홀로 와서 답답하기도 하고 외로움에 살짝 빠져 있었는데, 교회에서 정말 좋은 분들을 많이 만났다. 이곳에서 신앙 생활하면서 천천히 영국 생활을 시작해보기로 마음먹었다.

TIP-BOX

London City Presbyterian Church(LCPC) 주소

St. Botolph-without-Aldersgate, Aldersgate Street,
London EC1A 4EU

런던에서 방 구하기

United Kingdom Working Holiday

집도 없이 이리저리 옮겨 다니니 마음이 싱숭생숭했다. 영국에 온 지 한 달이 넘었지만 아직도 내 몸 하나 편안하게 누일 방이 없었다. 지금 거주하고 있는 집에서도 있기로 했던 기간이 끝나갔기 때문에 서둘러 방을 구해야 했다. 런던에서 버밍엄, 버밍엄에서 런던으로 30kg이 넘는 짐을 가지고 돌아다녔더니 더 이상은 멀리 이동하기 싫었다. 최대한 이 근처와 근무하는 곳에서 가까운 지역에 방을 구해야 했다. 그래서 가장 가까운 스트랫포드(Stratford)역 근처를 중심으로 알아보았다. 하지만 가는 에이전시마다 방이 없다고 했다. 거짓말 조금 더해서 10곳 넘게 돌아다닌 것 같다. 자포자기 하는 심정으로 마지막으로 허름해 보이는 작은 부동산에 들렀다.

"혹시 방 나온 집 있나요?"

"잠시만요."

"……"

"하나 있네요."

"정말이요?
저 지금 바로 방 보고 괜찮으면 계약하고 싶은데요."

절실한 멘트가 나왔다. 에이전시 직원이 집주인에게 전화를 걸어 물어본 후 함께 방을 보러 갔다. 방은 나쁘지 않았다. 더블룸에 깨끗하고 집도 가정집의 방 하나를 사용하는 것이라서 내가 조심하면 문제가 될 것은 없을 것 같았다. 가격도 주당 90파운드로 다른 집들에 비해서 훨씬 저렴한 편이었다. 계약할 때는 2주 보증금에 2주 방세를 내는 조건이었다. 거기에 에이전시 비용 40파운드도 내야 했다. 에이전시 비용을 조금 아끼고 싶었지만 당장 들어갈 방을 구해야 했기 때문에 바로 계약을 했다.

사실 이때는 아무 문제없이 계약이 잘 마무리 되었었다. 하지만 나중에 엄청난 일이 발생했다. 이때 현금을 아끼려고 가지고 있던 신용카드로 보증금과 방세를 결제했는데 기계가 말썽이라 제대로 결제가 되지 않았다. 몇 번을 시도했지만 제대로 결제가 되지 않아서 그냥 현금을 내고 계약을 했다. 그런데 다음 달 이 실패한 결제 금액들이 모두 카드 회사로 청구가 되어 있었다. 이것 때문에 에이

전시에 찾아가서 매니저를 만나 확인했지만, 당시 카드회사로부터 받은 내역은 없다고 했다. 한국 카드회사로 새벽에 전화해서 상황을 설명하니 자기네 쪽으로는 결제가 정상적으로 이루어졌다는 것이었다. 당장 백만 원이 넘는 돈을 갚을 형편이 안 되었기 때문에 어떻게 해야 하나 하면서 계속 한국으로 전화하고 에이전시를 찾아갔다. 정신적으로 너무 힘들었다. 문제를 해결하면 다른 곳에서 일이 터지고, 또 잠잠해지면 다른 일들이 나타나는 것이 반복되었다. 다행히 카드회사에서 분쟁 조정 청구가 진행되었다. 에이전시로부터 현금 결제했다는 증빙서류를 받고 영수증을 모두 첨부해서 카드회사로 보내자 일이 해결되었다.

한편 에이전시에 방 계약서를 요구하니 계약서를 작성하면 6개월은 거주해야 한다고 했다. 나는 통장 개설을 비롯한 행정처리 등에 거주지 증명이 필요했기 때문에 6개월 있을 것이니 그냥 해달라고 했다.

이렇게 우여곡절 끝에 얻은 집은 흑인인 주인아주머니 켐벨과 그녀의 34세 딸이 함께 지내는 가정집이었다. 주인아주머니 켐벨은 전기회사 같은 곳에서 전화 접수 일을 하고 있었고, 딸은 파이낸셜 매니저(Financial Manger)라고 했다. 주인아저씨는 안 계셨는데 물어보기도 뭐해서 그냥 가만히 있었다. 그런데 며칠 뒤 나에게 오더니 자기가 3개월 전에 남편과 헤어졌는데 가끔 집에 온다고 했다. 그런데 그는 집에 누군가 들어와서 함께 지내는 것을 좋아하지 않는다고 했다.

'뭐지?

남편이 오면 조용히 숨어 있으라는 건가?'

살짝 부담되는 말이었지만 그냥 조용히 알겠다고 답해드렸다. 그래도 어느 날은 저녁에 퇴근하고 내 방에 오시더니 춥지 않느냐고 하시며 이불 남는 것이 있는데 쓰라고 챙겨주셨다. 그러면서 아직 네가 어리니까 이곳에서는 내가 네 엄마라고 생각하라면서 편하게 지내라고 말씀해주셨다. 말이라도 감사했다.

그렇게 1주일 정도 새로운 집에서 지냈다. 낯선 런던 땅에서도 돌아갈 집이 생기니 마음이 조금 편해졌다. 저녁과 새벽에는 조금 추웠는데 다행히 한국에서 가져온 전기장판이 그 역할을 톡톡히 해주었다. 가져오기 싫었지만 역시 부모님 말씀은 늘 들으면 손해 보는 것이 없다. 그리고 물도 정말 화상 입을 정도로 뜨겁게 잘 나왔다. 버밍엄에서 지낼 때는 따뜻한 물이 바로바로 나오지 않아서 고생했었는데 말이다.

방은 해결되었으니 교통편을 해결해야 했다. 근무하는 매장은 리버풀 스트리트(Liverpool Street) 역 근처였고 집 근처의 역은 포레스트 게이트(Forest Gate)였다. '숲으로 들어가는 문'이라는 뜻이 왠지 좋았다. 사실 이 역은 지하철역이라기보다는 내셔널 레일(National Rail), 즉 기차역이라고 표현하는 편이 맞을 것 같다. 지하철역도 집 바로 근처에 있긴 했지만 리버풀 스트리트까지 가려면 한참을 돌아가야 하는 반면, 포레스트 게이트에서 타면 리버풀 스트리트까지 세 정거장으로 15분 정도밖에 안 걸렸기 때문에 포레스트 게이트를 이용했다.

버밍엄에서는 정기권을 끊어서 이용했는데 이곳에서도 구간별로 정기권을 판매하고 있었다. 영국의 교통에 대해서 조금 언급을 하자면 이렇다. 영국은 시내 중심의 1존부터 외곽지역으로 갈수록 숫자가 높아지며 6존까지 구역이 나뉘어 있다. 튜브(Tube, 영국 지하철)를 이용할 경우 오이스터 카드를 사용하게 된다. 매번 충전해서 사용도 가능하고 주당 혹은 월 단위로 충전할 수 있다. 충전방식은 1존만 혹은 1존과 2존만 혹은 2존과 3존만 등 자신이 원하는 구역을 선택할 수 있다. 월 단위로 충전하게 되면 그 구간은 무제한으로 교통을 이

용할 수 있다.

나의 경우는 거주하는 집은 3존에 있었고 근무하는 매장은 1존에 위치했다. 오이스터 카드로 충전할 경우 1존에서 3존 가격은 130파운드였다. 하지만 내셔널 레일로 포레스트 게이트역에서 리버풀 스트리트역까지만 이용할 경우 한 달에 88파운드 정도 되는 가격만 내면 되었다.

이렇게 기차 정기권을 사용해서 출퇴근을 시작하게 되었다. 이제 시작이었다. 아직은 일도 더 배워야 하고 런던에서 사는 삶도 익숙해져야 했다. 한 가지 빠르게 피부로 느끼고 있는 것은 역시 생각처럼 장밋빛 삶은 아니라는 것이었다. 나는 하루하루 실수하면서 배우고 익숙해져 가는 과정을 겪고 있었다.

맛있는 나의 첫 일자리

United Kingdom
Working Holiday

사실 잘 생각해보면 영국에 오기 전 어머니께서 '와사비'에 대해서 살짝 이야기를 해주셨다. 한국인 사장님이 런던에서 성공적으로 운영 중인 초밥 매장으로, 한국인 유학생들이 많이 일을 하고 있는 곳이라고 했다. 그런데 그곳에서 내가 일하게 될 줄이야. 사실 개인적으로 초밥을 매우 좋아하기 때문에 근무하면서 초밥을 공짜로 먹을 수 있지 않을까 하는 기대도 갖고 근무했다.

내가 근무하는 매장은 '올드 브로드 스트리트(Old Broad Street)'에 있었는데 이곳은 런던의 많은 보험회사와 유럽은행들이 모여 있는 뱅크(Bank) 지역이다. 우리나라의 일반 은행 개념보다는 본점에 가까운 투자와 보험 등의 업무를 주로 담당하는 은행들이다. 따라서 점심 때 오는 손님들의 대부분은 은행원이 많았으며, 은행이 쉬는 주말에는 근무하지 않았다. 다른 와사비 매장은 주말 근무도 있긴 하다.

나는 와사비 매장의 플로어 스태프(Floor Staff)를 맡았다. 플로어 스태프는 매장에서 서빙을 하고 계산을 담당하는 역할을 주로 한다. 지하에는 새벽 6시부터 점심시간까지 초밥을 만드는 키친 스태프(Kitchen Staff)팀이 있다. 대부분 영어를 잘 못하는 중국, 대만, 네팔 친구들이 많았다. 하지만 그중에는 대학원까지 나온 수재들도 있었다.

한편 플로어 스태프는 유럽 친구들이 많았다. 매장의 매니저는 22살의 스페인 여자로 이름은 나탈리아였다. 그녀는 스페인 여자답게 성격이 화통했다. 팀 리더인 톰은 라트비아에서 왔다. 근무한 지는 1년 정도 되었는데 엄청나게 덩치가 있고 무뚝뚝하기 그지없는 친구였다. 오븐을 담당하는 이탈리아인 루카는 매일 메탈 음악을 들었다. 이곳에서 고스(Goth)라고 불리는 스타일의 친구로, 늘 화가 나 있고 불만이 가득해서 친해지기 정말 어려웠다. 그리고 안토니오와 룻은 계산을 담당하는 스페인 친구였는데 매니저가 스페인 출신이라서 그런지 스페인 직원들이 참 많았다. 매기라는 홍콩 아주머니도 계셨는데 오랫동안 영국에서 사셨다고 했다. 아침에는 식당에서 초밥을 만들고 점심 때는 계산도 담당하셨다. 가족을 위해 열심히 벌어야 한다는 매기 아주머니는 매장에서 엄마와 같은 역할을 해주셨다. 그리고 한국인 형이 한 분 있었다. 킹스 칼리지(King's College)에서 경영학을 공부하는 형이었는데 파트타임으로 일주일에 한 번만 와서 근무했다. 나는 외국에서 공부하고 있다는 점이 정말 부러웠다.

계산 담당 외에도 서빙을 담당하는 친구들이 있었는데, 사실 나도 서빙을 담당하는 일로 뽑혔다. 조셉이라는 친구도 나와 함께 서빙을 담당했는데 일을 시작한 지 이제 3개월 정도 되었다고 했다. 이 친구도 스페인에서 왔다. 그런데 자기 이름을 '조셉'이라고 발음하는 것이 아니라 '호세'라고 자꾸 발음했다. 알고 봤더니 J가 스페인에서는 H로 소리 난다고 한다. 스페인 친구들과 채팅을 할 때 가끔 'Jajaja'라고 보내오는 경우가 있는데 이것은 'Hahaha'와 같은 의미라고 생각하면 된다. 그리고 칼리아니라고 네팔에서 온 아주머니가 있었는데, 이 분도 함께 서빙을 담당했다. 홍콩 매기 아주머니가 앤트(Aunt)라고 부르는 것을 보니 좀 더 나이가 많으신 것 같았다. 사실 칼리아니는 내게 사수 같은 분이었다. 하나부터 차근차근 꼼꼼하게 알려주셨다.

근무하면서 놀랐던 것은 외국 사람들이 한국 밥을 정말 좋아한다는 것이었다. 와사비에서는 한국 스타일의 밥과 함께 카레 혹은 치킨과 양념소스 같은 것을 섞어서 판매했으며, 연어와 면도 있었다. 고객들은 밥과 소스를 선택하거나 면과 소스를 선택하기도 했는데 한국 스타일의 밥을 참 좋아했다. 한편 서빙하면서 영어로 주문을 받았는데, 역시 매 순간이 영어 공부였다.

"밥 위에 소스 올리고 그 다음에 면 올려주세요."

"채식주의자 추천 메뉴 좀 알려주세요."

"연어는 이제 더는 안 하나요?"

"어떤 재료들로 만들었어요?"

초반에는 현지인 영어가 정말 빨라 알아듣기 어려웠다. 정확하게 대답을 해주고 싶은데 입에서는 단어만 나왔다. 하지만 그럴 때마다 홍콩 매기 아주머니가 많이 알려주고 고쳐주셨다.

그렇게 하루하루 보내면서 나의 영어 실력도 늘어갔다. 대부분 식재료에 관한 단어들과 서빙에 관한 문장들이었다.

"주문하셨나요?"

"어떤 것으로 드릴까요?"

"이 소스는 이런저런 재료들로 만들어졌습니다."

그렇게 점점 익숙해지고 있었다. 전혀 들리지 않던 영국 사람들의 억양과 말투는 이제 안부를 물어볼 정도로 나아지고 있었다.

그런데 어느 날 나탈리아가 근무하는 직원들을 모두 부르더니 화를 내기 시작했다. '점심시간 기다리는 줄이 너무 길다. 서빙하는 사람이 3명이나 되는데 빠르게 빠지지 않는다. 이것은 문제가 있으니 역할을 분담해서 효율적으로 해야 한다' 등 매니저로서 충분히 할 수 있는 말이었지만, 목소리가 몹시 화가 나 있는 듯 했다. 그리고 같이 서빙하는 조셉과 칼리아니 아주머니에게 영어 공부를 더 해야 한다고 했다. 사실 둘이 영어를 제대로 알아듣지 못해서 손님이 조금 화가 난 일도 있기는 했다. 나탈리아는 나에게도 지금에 안주하지 말고 열심히 영어 공부를 해두라고 했다. 22살이지만 오랫동안 와사비에서 근무한 매니저라서 그런지 똑 부러지는 무언가가 있는 것 같았다.

점심시간이 끝나면 와사비는 청소모드에 들어간다. 정말 청소에 엄청 신경을 썼다. 물론 식품 매장이기 때문에 위생상태가 중요한 것은 알지만, 2시간 서빙하고 4시간 넘게 청소에 집중했다. 그리고 '뛰어나신 팀 리더 톰'이 매번 청소 상태를 확인하고는 여기는 더 해야 한다, 더럽다 등 많은 지적을 했다. 그런 순간에는 '정말 군대에 다녀오길 잘 했구나'라는 생각을 했다. 정말 군대에서 청소하는 것 같았다. 매니저는 한국 군대도 안 다녀왔으면서 어떻게 선임들이 하는 것처럼 손가락으로 구석구석 잘 문지르는지.

어렵게 얻은 일자리이지만 늘 떠날 준비는 하고 있었다. 퇴근 후 열심히 영어를 공부하면서 틈틈이 이력서를 돌렸다. 그 이유는 솔직히 영어를 많이 활용할 수 있는 일자리를 얻고 싶었기 때문이다. 서빙을 할 때는 영어를 그나마 쓸 수 있어서 좋았는데, 청소할 때는 정말 청소만 했다.

하지만 당시 상황에서는 그저 참고 기다리면서 기회의 때를 준비해야 했다. 그러나 그렇게 준비하며 기회의 때를 기다리게 되는 시간이 1년이나 될지 그때는 알지 못했다.

CHAPTER. 03

친해지기

숟가락은 그럴 때 사용하는 것이 아니에요

United Kingdom Working Holiday

지난 일요일에 약속한 대로 이번 점심은 목사님 댁에 가서 식사를 했다. 이번에도 어김없이 영국 가정답게 집에 도착하자마자 "커피? 차?"를 물어보셨고, 사모님은 우리를 위해 음식을 준비하셨다. 목사님 가족으로는 큰아들 콜린과 딸 엘리로즈, 그리고 아직 사모님 뱃속에 있는 막내까지 세 명의 자녀가 있었다.

향긋한 냄새가 온 집에 진동하자 이윽고 음식이 나왔다. 점심으로 나온 메뉴는 소시지와 콩, 토마토를 섞은 소스와 밥이었다. 서양 사람들은 다들 빵 아니면 스파게티를 먹을 것이라는 나의 편협한 고정관념이 깨지는 순간이었다.

한참을 숟가락으로 밥을 열심히 먹고 나니 사모님께서 손수 만드신 치즈 아이스크림 케이크를 내오셨다. 그런데 뭔가 이상했다. 다들 식사를 할 때는 나이프와 포크를 사용했고, 디저트를 먹을 때는 숟가락을 사용했다. 나는 반대로 밥을 먹을 때 숟가락을 사용했었는데 말이다. 알고 보니 이곳에서 숟가락은 디저트를 먹을 때 쓰는 것이었다. 꼭 그렇게 해야 한다는 것은 아니지만 다들 그렇게 사용한다. 집에서 식사는 포크와 나이프로, 디저트는 숟가락으로.

마피아를 찾아라

United Kingdom
Working Holiday

크리스마스 전 주 일요일, 목사님께서 크리스마스 예배 반주를 부탁했다. 영국에 와서도 교회 반주라니. 피아노와의 인연이 참 길게 가는 것 같다. 중고등학교 시절 나는 교회에서 반주를 하고 싶은 마음에 피아노를 시작해 대학교 전공을 목표로 수능 한 달 전까지 기악과 실기를 준비했었다. 비록 여러 사정이 생겨 피아노가 아닌 심리학을 전공하게 되었지만, 군 복무 시절에는 부대 교회 찬양팀 반주자를 하기도 했다. 그런데 머나먼 이곳 영국에서도 피아노 반주를 하게 될 줄이야.

크리스마스 예배 때 반주할 곡은 3곡 정도였는데 연습을 안 한 지 좀 되어서 바비칸(Barbican) 음악 도서관에 가서 연습을 했다. 그날은 근처에서 캐럴을 부르는 이벤트도 있어서 한 10명 내외의 교회

분들과 함께 캐럴을 부르고 나머지 몇 명은 교회 안내지를 시민들에게 나눠주었다. 영국은 크리스마스 두 달 정도 전부터 시내가 이미 크리스마스 분위기로 휩싸여 있었다. 한국과 달리 영국의 크리스마스는 가족들과 함께 보내는 명절의 개념이 더 강했다.

드디어 크리스마스 예배 날이 되었다. 처음 영국에서 반주하는 거라 긴장이 되어 약간의 실수도 있었지만, 다들 모르는 눈치였다. 여하튼 무사히 예배가 끝난 뒤 각자 가져온 음식을 테이블에 세팅하고 함께 점심 식사를 했다. 나는 씨 없는 포도를 테스코에서 사왔다. 미국에서 석사 공부를 하기 위해 온 앤드류는 씨 없는 포도를 얼려서 먹으면 정말 맛있는 간식이 된다는 조언도 해주었다.

저녁 예배까지 시간이 있어서 교회 청년 데이비드의 집에 놀러 갔다. 데이비드는 스코틀랜드에서 공부한 뒤 런던에서 은행 투자 담당 매니저로 일하고 있는 중국계 영국인이다. 25살의 어린 나이지만 자신의 집도 있고, 영국의 대표 은행에서 투자 담당 매니저로 근무하고 있는 모습을 보니 솔직히 부러웠다. 데이비드의 집은 노스 그리니치(North Greenwich)라는 곳에 있었는데 직장인 카나리 워프(Canary Wharf)와 매우 가까운 곳이었다. 카나리 워프는 영국의 전략적 금융지구라고 생각하면 된다.

집에 모인 사람은 집 주인인 데이비드, 패션을 전공하고 스코틀랜드에서 런던으로 일하러 온 아이에이샤, 킹스 칼리지(King's College)에서 물리학 박사 과정을 하고 있는 가나 출신 다니엘, 골드 스미스(Gold Smith)에서 사진 석사 전공 중인 대만에서 온 유엔, 소아스(SOAS, School of Oriental and African Studies)에서 예비 과정(Foundation Course)을 하고 있는 한국인 초혜, 그리고 와사비에서 외국인 노동자를 맡고 있는 나, 총 6명이었다.

우리 교회 청년들은 게임을 참 좋아하는데 이번에는 한국에서 자주 하던 마피아 게임을 알려주었다. 동양 친구들은 알고 있었는데 서양 친구들은 잘 모르는 것 같아서 손짓 발짓하면서 자세히 설명해주었다. 다니엘이 자꾸 표정에 드러나게 자신의 역할을 공개해서 죽이니까 왜 자꾸 자기만 죽이느냐고 해서 한바탕 크게 웃었다. 그 외에 샤레이드(Charade)라는 게임도 있는데, 영국에서 많이 하는 게임이다. 청년들과 금요일에 모이면 정말 매번 했던 것 같다. 이 게임은 한 명이 나와서 말은 하지 않고 몸짓으로 단어를 설명해야 하는 게임인데 영화, 드라마, 책 등을 소재로 한다. 간단해 보이고 재미없어 보이지만 정말 재미있다. 그런데 웃고 떠들다 보니 교회 저녁예배에 늦고 말았다. 하지만 목사님이 같이 다니는 모습이 좋다고 하시면서 이해해 주셨다.

다음날부터 2주 동안 와사비 매장 리모델링 작업 때문에 휴가가 생겼다. 월요일에 서비스 교육을 다녀오면서 거리로 나왔는데, 크리스마스 분위기

가 절정으로 치닫고 있었다. 영국에서 처음 맞이하게 되는 크리스마스. 크리스마스 이브는 목사님 댁에서 저녁 파티를 하고, 크리스마스 당일에는 교회분 댁에서 식사를 하기로 했다. 빈손으로 가면 안 되니 휴가 동안 선물을 좀 골라보기로 마음먹었다.

와사비 연말파티

United Kingdom
Working Holiday

수요일 저녁 와사비 식구들과 Tiger Tiger라는 펍에서 연말 파티를 하기로 했다. 그런데 그 전에 머리가 너무 길어서 영국에서 처음 머리를 자르기로 했다. 파티 장소로 가려면 소호를 지나가야 했는데, 다행히 이발을 할 수 있는 곳을 발견하고 들어갔다. 그런데 가격이 무려 30파운드였다. 남자 머리 자르는 데 한국 돈으로 5~6만 원이나 줘야 한다니. 친구 말대로 상투를 올릴 걸 그랬다.

머리를 자르고 약속 장소에 도착했다. 8시에 만나기로 했는데 아무도 안 왔으면 어쩌나 했는데 팀 리더인 톰이 다가와서 인사를 해주었다. 어색한 사이지만 먼저 들어가서 기다리기로 했다. 둘이 먼저 들어가서 테이블에 앉아 있자 조금씩 사람들이 왔다.

하지만 파티엔 생각보다 많은 직원들이 오지 않았다. 펍보다는 같이 저녁식사를 할 수 있는 레스토랑 같은 곳이었다면 좀 더 많은 사람이 오지 않았을까. 그리고 팀원들에게 늘 소리 지르던 매니저의 영향도 어느 정도 있을 것이라는 생각이 들었다.

이유야 어찌 되었든 모인 친구들은 이렇다. 우리 매장 매니저인 스페인 출신 22살 나탈리아, 스페인 출신 28살 룻, 조금 전에 소개한 팀 리더 라트비아 출신 톰, 중국인 유학생 페이, 중국인 어머니 매기와 이름 모르는 중국인 어머니, 스페인 출신 안토니오, 키친 담당 네팔 출신 친구들 두 명.

이름은 펍이지만 완전 클럽이었다. 다들 춤추고 술 마시고 난리도 아니었다. 강남 스타일 노래가 나오자 자꾸 내게 강남 스타일 춤을 알려달라고 해서 혼났다. 한국인은 모두 강남 스타일 춤을 출 수 있다고 생각하는 건가. 춤도 잘 못 추지만 그루브 좀 넣어주었다. 다들 뭐가 그렇게 흥에 겨운지. 나는 튜브 시간 때문에 12시가 좀 안 되어서 펍을 나왔다. 생각보다 재미없었던, 아니 생각만큼 재미없었던 와사비의 연말파티였다.

빈티지의 천국, 캠든 마켓

United Kingdom
Working Holiday

런던에는 다양한 마켓들이 있지만 캠든처럼 빈티지한 보물들이 가득한 마켓은 없을 것 같다. 대학교 동기 웅기가 이 근처에서 생활했다는 이야기를 들어서 그런지 괜히 더 친숙한 느낌이었다. 이곳에 다녀온 이유는 크리스마스 선물을 사기 위해서였다. 사야 하는 선물은 다시 캐나다로 돌아가는 친구 피비의 생일 선물, 목사님 가족의 크리스마스 선물, 크리스마스 때 식사 초대를 해준 가족을 위한 선물, 집 주인아주머니에게 드릴 선물이었다. 돈이 별로 없었기 때문에 각 10파운드 정도 예산을 잡고 갔다.

마켓에 들어가기 전에 배가 고파서 M&S에서 샌드위치를 사 먹었는데 이게 웬걸, 마켓 안에 엄청나게 많은 종류의 음식들이 즐비해

샌드위치를 괜히 사먹었다 싶었다. 큰 피자 조각도 2파운드 정도로 저렴했다.

크리스마스라서 그런지 마켓에 사람들이 엄청 북적거렸다. 그런데 세상이 참 좁다고 느끼는 것이 마켓에서 같은 매장에서 근무하는 한국인 형님과 일본인 여자친구를 만났다. 영국에서도 아는 사람들이 생겨 길에서 인사하니 뭔가 어색하면서도 앞으로 행동 조심해야겠다는 생각이 들었다.

한편 다양하고 재미있는 가게들이 참 많았는데 왕년에 밴드 보컬리스트로 활동하셨던 목사님을 위해 롤링스톤즈(The Rolling Stones)의 LP 앨범을, 사모님을 위해서는 흑발머리의 디바 수세미를 샀다. 목사님께서 원래 좋아하는 장르는 펑크 음악인데 솔직히 펑크 음악

에 대해서는 문외한이라서 올해 50주년이 된 롤링스톤즈의 LP를 선택했다. 사모님께서는 늘 청년들을 초대하고 음식 준비하시느라 설거지를 많이 하실 것 같아서 설거지하면서라도 재미를 느끼시라고 조금은 독특한 수세미를 선물로 준비했다. 그리고 캐나다로 돌아가는 피비에게 줄 선물로는 팔찌를, 크리스마스에 방문하게 될 가족에게는 세 가지 맛의 마멀레이드(Marmalade)를 샀다. 집 주인아주머니께는 사모님께 드릴 수세미와 유사한 버전의 수세미를 구매했다.

내 물건을 살 때보다 누군가를 위해 선물을 사는 것이 훨씬 더 즐거웠다. 선물을 고르면서 좋아했으면 좋겠다는 기대와 설렘으로 선물들을 골랐던 것 같다. 역시 받는 기쁨보다 주는 기쁨이 더 크다는 사실을 피부로 느꼈던 하루였다.

영국식 크리스마스 보내기

United Kingdom Working Holiday

영국에서 처음 맞이하는 크리스마스다. 영국은 한국처럼 데이트하거나 교회 행사가 있기보다는 모두 가족들이 있는 집, 고향으로 돌아가서 크리스마스 휴가를 보낸다. 우리나라 추석과 같은 분위기라고 생각하면 된다. 그래서 크리스마스 당일에는 모든 상점들이 문을 닫는다.

크리스마스 이브에는 목사님께서 모든 교회 분들을 집으로 초대해서 조촐한 파티를 했다. 선물도 전해 드리고 모인 사람들과 피아노 반주에 맞춰서 캐럴도 불렀다. 그런데 마음이 정말 우울했다. 방에서 혼자 보내는 것도 아닌 여러 사람과 함께 있는데도 정말 마음이 그랬다. 다들 가족들과 함께 모여서 안부를 묻고 챙겨주는 모습을 보니 한국에 있는 가족들, 친구들이 많이 보고 싶어졌다.

크리스마스 당일에는 대중교통도 운행을 하지 않기 때문에 마리안(Marianne)이라는 친구가 차로 픽업을 와서 편하게 집까지 갈 수 있었다. 선물로 샀던 마멀레이드를 가지고 점심쯤 집에 도착하니 식탁에 크리스마스 장식과 접시들이 준비되어 있었다. 조금 생소했던 것은 '크래커'라는 것이었다.

크래커는 영국 크리스마스 문화의 하나이다. 서로 팔을 교차해 상대의 크래커를 잡아당기면 한쪽으로 크래커가 열린다. 그러면 크래커를 받은 사람이 그 안에 들어 있는 선물과 만득이 시리즈 같은 유머를 읽는다. 또 그 안에는 종이로 만든 왕관도 있는데 식사를 하는 동안 모두 왕관을 쓴다. 비싼 크래커를 사면 더 좋은 선물과 왕관이 들어 있으며, 저렴한 크래커는 왕관도 없고 심지어 유머조차 들어 있지 않은 경우가 많다.

또한 크리스마스에 빠질 수 없는 것이 있는데 바로 칠면조 요리이다. 나는 칠면조 요리를 처음 먹어보는지라 특별한 맛을 기대했는데, 그냥 퍽퍽한 닭고기 같아서 조금 아쉬웠다.

또 영국 크리스마스에서 빠질 수 없는 것이 있다면 오후 3시에 방송되는 여왕님의 연설이다. 생각보다 정정하신 모습에 놀랐다. 크리스마스 때마다 영국 국민들, 전 세계의 소외된 사람들을 위해 축복과 기원을 해주시는 여왕님이 멋지게 느껴졌다. 노블레스 오블리주를 몸소 실천하고 계시는 영국의 여왕님이다.

오후에는 샤레이드 게임을 비롯해서 5페니 찾기 등 다양한 게임을

했다. 한편 집에는 조율이 안 되어 있긴 하지만 업라이트 피아노가 한 대 있었던 터라 같이 갔던 유엔의 피아노 연주를 들을 수 있었다. 사진 전공을 했지만 어머니가 음악 선생님이셨기 때문에 어릴 적부터 피아노와 첼로를 연주했다고 한다. 나는 솔직히 별 기대하지 않았다. 흔히 연주하는 OST 곡 같은 것을 연주하겠지 하고 속으로 생각했는데, 라흐마니노프 피아노 연습곡을 연주하는 것을 보고 정말 깜짝 놀랐다. 거기다가 첼로 연주까지 할 수 있다니, 정말 다재다능한 아이구나 하고 느꼈다.

또 한 가지 느낀 점은 카드 문화가 참 발달했다는 것이다. 영국에서는 기념일이 되면 늘 카드를 적어서 건네준다. 선물은 못 하더라도 카드는 꼭 전해주는데, 이렇게 받은 카드는 집에 펼쳐서 전시를 해둔다. 어떻게 보면 인맥 과시라고도 볼 수 있는데 뭐 다들 그렇게 한다.

저녁에는 자매들의 강력한 요구로 다운튼 애비(Downton Abbey)라는 영국 드라마를 시청했다. 크리스마스 스페셜이었는데 마지막에 남자 주인공이 사고로 죽어서 완전 신선했다. 크리스마스 스페셜 방송의 끝을 사고사로 처리하다니. 여하튼 영국에서 처음 맞이하는 크리스마스는 감사하게도 영국 가족들, 친구들과 함께 즐겁게 보냈다. 한국으로 돌아가면 나도 영국식 크리스마스 파티를 준비해야겠다는 생각이 들었다.

영국에서 맞이하는 새해

United Kingdom Working Holiday

한국에 있을 때는 늘 교회에 가서 새해 전날 송구영신 예배를 드리면서 새해를 맞이했었다. 그래서 영국에도 자정에 열리는 송구영신 예배가 있는지 여쭤보았더니 내가 다니는 교회에는 그런 예배가 없다고 하셨다. 간혹 그런 교회도 있기는 하다고 하나 찾기가 어려웠다. 마침 교회에 수석 간호사로 병원에서 근무하는 마가렛(Margaret)이라는 분이 새해 전날 같이 저녁 식사하고 불꽃놀이를 보러 가자고 해주셔서 그렇게 새해를 맞이하기로 정했다.

저녁 식사를 하고 불꽃놀이가 열리는 빅벤 근처로 이동했는데, 정말 런던의 모든 사람이 다 나온 것 같았다. 가는 길에 스페인에서 온 두 명의 학생이 빅벤 가는 길을 물어봐서 어떻게 하다 보니 동행을

하게 됐다. 일찍 출발하지 않아서 이미 많은 사람들이 와 있었기 때문에 빅벤 쪽으로 가는 다리는 모두 통제가 되었다. 할 수 없이 런던 아이가 살짝 보이는 곳에 자리를 잡고 새해를 기다렸다. 제대로 된 불꽃놀이는 볼 수 없었지만, 자정이 되자 우리는 서로를 껴안으면서 새해를 맞이했다. 이 날은 새벽 4시까지 지하철이 무료로 운행되는데, 음주와 새해행사로 인한 사고들을 막기 위해서 4시까지 무료로 제공한다고 한다.

한편 새해에 다짐한 것이 있었다. 규칙적으로 오랫동안 근무할 수 있는 직장을 구하는 것이었다. 지금 일하고 있는 와사비는 시간이 들쑥날쑥해서 다른 일정을 세우기가 어려웠다. 당시 매장이 리모델링되고 내가 따뜻한 음식을 대부분 전담해 만들게 되면서 할 일이 많아져 정초부터 바삐 일을 했다. 본사 직원들도 아침 7시부터 매장에 나와서 새로 변경된 제품 교육을 시켜주었고, 월요일부터는 30% 할인 프로모션을 진행해서 쉴 시간도 없이 정말 일만 했다. 이렇게 열심히 일을 하다가 팔에 화상을 입기도 했다. 아프기도 하고 서럽기도 하고 내가 이곳에서 무슨 고생인가 후회스럽기도 했다. 그래도 하루에도 몇 번씩 유럽친구들이 CV를 들고 찾아오는데 난 일할 곳이 있으니 얼마나 다행인가 라고 긍정적으로 생각하려고 노력했다. 하지만 앞으로 꾸준히 영어 공부를 해서 더 좋은 곳으로 가자고 계속 다짐하고 버텼다.

생일 축하해

United Kingdom
Working Holiday

원래는 에펠탑을 바라보면서 생일을 맞이하고 싶었다. 하지만 현실은 근무. 생일날 대신 근무해줄 사람도 없고 너무 바쁘기도 해서 휴가를 쓰지 못했다. 그래도 매장 친구들이 생일 케이크를 사와 같이 축하해줘서 고마웠다. 다른 친구들과도 파티를 하기로 했는데, 생일 저녁에는 제일 먼저 목사님 댁에 가서 저녁 식사를 했다. 가서 까르보나라도 먹고 사모님께서 직접 만들어 주신 수제 초콜릿 케이크도 먹으며 즐거운 시간을 보냈다. 한국에 있을 때 가끔 혼자 생크림을 넣고 까르보나라를 만들어 먹었었는데, 영국의 까르보나라는 우유는 넣지 않고 더블크림만을 사용하며 다 만든 다음에는 생 계란을 하나 넣는 방식이었다. 처음에는 살짝 어색했는데 맛있었다.

그런데 사모님께서 페이스북에서 한국 친구들이 생일을 축하해 주는 것을 보았는데, 어떤 친구가 과일이 올라가 있는 케이크 사진을 포스팅 한 것을 보았다고 말씀하셨다. 나는 그게 뭐 이상한 건가 싶어서 여쭤보니 이곳에서 케이크는 대부분 단 초콜릿이나 크림 등을 올리지, 과일은 잘 안 올린다고 말씀하셨다. 그래서 한국에서는 과일 올리는 케이크가 일반적이라고 잘 설명해드렸다.

한편 패션을 전공하는 스코틀랜드 친구 아이에이샤가 티셔츠를 선물해주었다. 패션을 전공하는 친구라서 그런지 내 마음에 쏙 드는 디자인이었다.

청년 친구들끼리는 김치(Kimchee)라는 한국식당에 가서 생일파티를 하기로 했다. 영국에서는 생일을 맞이한 친구가 자신의 파티를 직접 여는 듯했다. 그래서 나도 커뮤니티에 나의 생일을 친구들에게 알리고, 같이 한국식당에 가서 식사하자고 제안하였다.

일찍 간다고 갔는데도 사람들이 많아서 30분 정도 기다린 후에야 안으로 들어갈 수 있었다. 다들 젓가락 쓰는 것에 대해서 조금씩 부담을 가지고 있었는지 같이 간 유학생 동생 초혜와 내게 메뉴 추천을 부탁했고, 우리는 여러 종류의 한국 음식을 골고루 시켜 맛보았다. 약간 퓨전 형식의 한국식당이었기 때문에 양은 많지 않았지만, 깔끔해서 한국음식을 처음 소개해주기에는 좋았던 것 같다. 친구들이 제일 좋아했던 음식은 역시 불고기였다. 양이 좀 적어서 다들 배불리 먹지는 못한 것 같았지만, 나중에 직접 더 만들어주기로 약속하고 한국음식 생일파티를 마무리했다.

끝난 줄 알았던 영국에서의 나의 생일파티는 아직도 진행형이었다. 토요일 나의 영국 엄마와 이모로 자칭하는 마가렛(Margaret) 어머니와 로라(Laura) 이모가 식사초대를 했다. 사실 지난번 생일파티

때 함께 하고 싶어 하셨는데, 로라 이모가 네덜란드에 출장을 갔다 오셔야 하셔서 참석하지 못했었다. 그래서 나중에 우리 셋이 따로 만나서 밥을 먹고 놀기로 했다. 먼저 영국 어머니께서 자기 집에서 점심을 먹고 나가자고 하셔서 마가렛 어머니의 집으로 모였다. 왕실 병원에서 수석 간호사로 근무하고 계시는 마가렛 어머니의 집은 런던의 랜드마크 중 하나인 샤드(Shard)가 보이는 현대식 아파트다. 점심은 영국식으로 간단하게 빵과 치즈, 수프를 먹었다. 한편 네덜란드에 다녀온 로라 이모가 네덜란드 쿠키를 가져오셨는데 먹는 방법이 따로 있었다. 따뜻한 차 위에 뚜껑처럼 올려두면 안에 있던 시럽이 녹아 더 맛있게 먹을 수 있다고 한다. 그리고 커피를 좋아하는 나를 위해 로라 이모는 커피메이커와 원두, 컵을 선물로 주셨다. 매번 받기만 해서 죄송한 마음이었다.

그리고 가보고 싶은 곳이 있느냐고 물어보셔서 초상화 미술관을 말씀드렸더니 그곳으로 가자고 하셨다. 그런데 가는 날이 장날인지

비가 많이 와서 사람들이 더 많았다. 윌리엄 왕세손과 결혼한 케이트 왕세손비의 사진도 인기가 있었고, 잠자는 데이비드 베컴의 초상화도 인기가 있었다. 초상화 미술관 옆 국립미술관도 잠시 들러서 미술 작품들을 감상했는데, 엄청나게 넓고 작품 수가 많아서 한 번에 다 볼 수가 없었다. 그중 모네와 고흐의 작품을 보는데, 미술을 좋아하는 한국에 계신 우리 김 여사님 생각이 났다. 다음에 기회가 되면 함께 와서 관람하면 좋겠다는 생각이 들었다.

미술관 관람을 마치고 함께 홀본(Holborn)에 있는 한식당 김치(Kimchee)에 다시 갔다. 이 날 먹은 음식 중에 최고는 단연 '치즈 떡볶이'였다. 다들 맛있게 먹는 모습을 보는데 뭔지 모를 뿌듯한 기분이 들었다.

그리고 스코틀랜드에서 런던으로 박사 공부를 하러 온 게빈(Gavin)의 생일도 있었다. 게빈은 암석과 관련된 지질학 박사 과정 중에 있던 만 26살의 학생으로, 졸업을 앞두고 있었다. 영국은 학부 3년, 석사 1년, 박사 3년 과정으로 다른 나라에 비해서 학위과정이 짧은 편이다. 우리나라는 보통 30대에 박사과정을 획득하게 되는데 영국은 20대 중, 후반부터 박사과정을 수료하기 때문에 경쟁력이 있다는 생각이 들었다.

게빈은 암석에 관해서 정말 전문가였는데, 어떤 암석이든 이야기가 나오면 정말 방대한 지식을 쏟아냈다. 한 분야의 전문가가 되려면 저 정도는 되어야 한다는 생각을 게빈을 보면서 많이 하게 됐다.

부활절 휴가 보내기

United Kingdom
Working Holiday

아침 8시부터 저녁 9시 반까지 일하는 죽을 것 같았던 스케줄이 끝이 났다. 팀 리더로 일하고 있던 톰이 2주 동안 자기 나라인 라트비아로 휴가를 떠났기 때문에 스페인 친구와 내가 돌아가면서 매장 마감을 했다. 사람이 참 간사한 것이 일이 없을 때는 그렇게 일자리를 찾았었는데, 일을 시작한 뒤로는 그만두고 싶다는 생각이 들었다. 여하튼 그렇게 엄청난 일정을 소화하고 나니 4일간의 황금 휴가가 시작되었다. 사실 이 주에 부활절이 있었기 때문에 금요일부터 월요일까지 쉬게 되어 황금 휴가가 생긴 것이었다. 다른 매장은 휴일에도 근무하지만 우리 매장은 영국 은행가가 몰려있는 곳에 있었기 때문에 은행이 쉬는 때에는 여지없이 같이 쉬었다.

휴가의 시작, 금요일에는 교회 청년들과 함께 모였다. 어학원을 다니지 않았지만 교회에서 다양한 인종의 젊은 친구들을 만날 수 있었고, 2주에 한 번씩 금요일에 20's&30's라는 청년 모임이 있어서 친구도 사귀고 영어도 배울 수 있었다. 이번에 만난 장소는 런던에서 은행원으로 근무하고 있는 데이비드의 집이었다. 저녁으로 내가 제일 좋아하는 이탈리아 메뉴 '라자냐'를 먹고 후식으로 내가 역시 제일 좋아하는 '파블로바'를 먹었다. 파블로바란 머랭 같은 베이스에 과일을 장식해서 먹는 디저트이다. 처음에는 파블로바가 뭔지도 몰랐는데 영국 드라마 '미란다'를 보고 알게 되었다. 다들 파블로바를 맛있게 먹어주어 모임에 참석하기 전에 M&S에 가서 거금 7파운드를 주고 사온 보람이 있었다.

그리고 이 날 새로운 친구도 만났는데 파키스탄에서 온 와카스라는 친구였다. 런던에서 학교를 졸업하고 지금은 유니클로(UNIQLO) 매장에서 근무 중이었다. 모임에 참석하고 싶은데 늘 스케줄이 맞지 않아서 참석하지 못하다가 이번에 나오게 되었다고 했다. 밥을 먹고 후식을 먹으면서 부활절, 금식, 런던에서 산다는 것에 대해서 편안하게 이야기 나누는 시간을 가졌다.

다음날인 토요일은 가나에서 온 킹스 칼리지(King's college) 박사과정 학생인 다니엘의 생일이었다. 다니엘은 자신의 생일을 맞이해서 청년들을 자신의 기숙사로 초대했다. 약속 시간에 맞춰서 도착했더니 음식은 하나도 준비되어 있지 않았고 이제 음식을 만들어야 한

다면서 나보고 요리를 좀 해달라고 부탁했다. 그래서 나 다음으로 합류하게 된 한국인 유학생 초혜와 함께 다니엘 생일상을 같이 만들었다. 아프리카 음식과 샐러드 등을 조금씩 만들다 보니 양이 꽤 많아졌다. 우리 교회 청년들뿐 아니라 다니엘의 친구들도 왔는데, 테이블을 가운데 두고 서로 나뉘어 앉아 뭔가 어색하고 서먹한 생일파티였다. 그래도 음식은 맛있게 먹고 잘 놀다가 나왔다.

뉴질랜드에서 온 변호사 친구 헤이문(Hei-mun)과 초혜, 그리고 나 이렇게 셋이 같이 나왔는데, 집에 그냥 들어가기 아쉬워서 이스트(East) 지역에서 가장 큰 쇼핑몰인 웨스트필드(Westfield)에 가서 영화 지.아이.조(G.I.Joe)를 보았다. 영국 영화관은 몇 가지 특징이 있다. 먼저 좌석이 없다. 먼저 자리에 앉는 사람이 임자다. 또 광고시간이 30분에서 40분 정도 된다. 상영 시작이 8시면 8시 30분부터 실제 영화가 시작되는 것이다. 그만큼 영화 앞에 광고가 참 많다.

그렇게 다니엘의 생일파티와 영화감상으로 토요일을 보내고 주일에는 런던 어머니 댁에 가서 점심을 먹었다. 한국은 오전 예배가 끝나면 자체 식당에서 식사하지만, 이곳 런던교회에서는 차를 마시는 동안에 점심 식사에 초대를 해주신다. 빠르면 주중에 먼저 연락이 와서 함께 일요일 점심 식사를 하자고 하기도 하시고, 당일에 말씀하시기도 한다. 영국에는 Sunday Lunch가 메뉴로 있을 만큼 일요일 점심은 풍성하고 여럿이 함께 식사하는 문화를 지니고 있다.

이 날 나는 파스닙(parsnip)이라는 채소를 처음 먹어보았다. 생긴 것은 당근처럼 생겼지만 연한 갈색을 띠고 있고 맛은 감자와 고구마의 중간 정도 당도를 지니고 있었다. 오븐에 구워서 먹으니 달면서도 뭔가 자꾸 손이 가는 맛이었다. 재미있었던 것은 한국에도 파스닙이 있냐고 물어보셔서 구글로 번역을 해보니 '서양채소'라고 번역이 되어 나왔다고 하니 너무 재밌다고, 파스닙이 그렇게 번역이 된다고 한참을 같이 웃었다. 그렇게 식사하던 중 런던 어머니께서 내일 쉬는 날인데 계획이 있는지 물어보셨다. 그래서 뭐 딱히 정해진 것은 없고 집에서 그냥 쉴까 한다고 하니 같이 런던 구경하다가 리치몬드 공원(Richmond Park)에 가지 않겠느냐고 제안을 하셨다. 나는 계획했던 일이 없었으므로 좋다고 했다. 그리고 다음날인 월요일에 함께 마가렛 어머니의 차를 타고 런던 구경을 했다.

첼시 지역에 가서 'Posh(부유한)한' 기운을 느껴보자고 하셔서 거리 곳곳을 돌아다녔다. 어머니는 사실 젊었을 때 이 근처에서 살았다고 하시며 예전에 지냈던 아파트를 보여주셨다. 마침 첼시와 맨유 경기가 있던 날이었는데 다행히 첼시가 우승해서 주민들이 행복한 상태였다. 축구에 민감한 영국이기 때문에 경기가 있는 날은 조심해야 한다. 그렇게 첼시 구경을 마치고 공원으로 향했다.

다들 쉬는 날이라서 그런지 강아지를 데리고 산책하는 분들이 많았다. 사슴도 뛰어 놀고 날씨도 좋고. 다만 공기가 아직은 차가워서 조금 추웠다.

황금과 같았던 휴가도 어느새 끝이 나 일상으로 복귀했다. 그런데 당시 서머타임이 적용되어 새벽 1시가 2시로 옮겨지면서 낮이 늘어났다. 학교에서 공부할 때나 들었던 서머타임을 막상 실제 생활에서 적용해 생활해보니 기분이 묘했다. 일조량이 늘어나면서 여름에는 저녁 9시가 되도 밝은 유럽사회에서는 서머타임이 많이 시행되고 있었다. 휴대전화의 경우 자동으로 변경되는데, 괜히 잠자는 시간 1시간이 줄어든 것 같아서 어서 겨울이 왔으면 하는 마음이 들었다.

TIP-BOX 영국의 공휴일

국가	공휴일	비고
England, Wales, Scotland, Northern Ireland	New Year's Day	1월 1일
	Good Friday	부활절 전 금요일
	Easter Monday	부활절 다음 월요일
	Early May bank holiday	5월의 첫 번째 월요일
	Spring bank holiday	5월의 마지막 월요일
	Summer bank holiday	8월의 마지막 월요일 8월의 첫 번째 월요일 (Scotland)
	Christmas Day	12월 25일
	Boxing Day	성탄절 다음 평일
Scotland	2nd January	1월 2일
	St. Andrew's Day	11월 30일
Northern Ireland	St. Patrick's Day	3월 17일
	Battle of the Boyne (Orangemen's Day)	7월 1일

CHAPTER. 04

·사랑하기·

조금은 특별한 그들의 결혼식

United Kingdom Working Holiday

안면만 있는 분들의 결혼식을 다녀왔다. 페루에서 온 40대 초반의 마리나와 영국인 남편분의 결혼식이 교회에서 있었다. 청년들 중에 캐나다에서 온 피비와 스코틀랜드 출신 게빈도 곧 결혼을 하여 그들의 결혼식에도 초대를 받았다. 이 둘은 청년들 모임 때도 자주 보고 그래서 괜찮았지만, 마리나의 결혼식은 솔직히 잘 알지 못해서 가지 않으려고 했다. 하지만 목사님께서 결혼식 준비를 도와달라고 하셔서 다녀왔다. 한국에서 짐을 챙길 때 영국에서 면접이나 행사에 참석할 일이 있을 것이라고 생각해서 정장을 가져왔는데, 정말 가져오길 잘한 것 같다. 그런데 마땅한 셔츠가 없어서 전날 자라(Zara)에 가서 30파운드 정도 주고 흰 셔츠를 구매했다.

결혼식은 정말 간소하게 진행되었다. 다만 페루에서 신부 가족들이 오지 못해서 그들은 화상으로 결혼식을 지켜보았다. 한편 우리나라와 달리 영국은 초대받은 사람들만 피로연에 가기 때문에 사전에 초대받지 못한 초혜와 나는 결혼식만 보고 발길을 돌렸다.

영국식 청첩장

United Kingdom
Working Holiday

교회 예배가 끝나고 마리안이 내 이름이 적힌 편지를 주었다. 마리안은 패션회사 디젤에서 마케팅 인턴으로 근무하고 있었다. 그래서 '디젤 청바지 할인 쿠폰인가?' 하고 기대를 했는데 청첩장이었다. 스코틀랜드에서 와서 박사과정 중에 있는 게빈과 캐나다에서 온 피비가 오랜 연애 끝에 8월, 교회에서 스코틀랜드 전통의상인 킬트를 입고 결혼식을 한다고 한다. 영국은 우리나라와 달리 청첩장에 참석 여부를 적어서 우편으로 다시 보내야 한다. 그리고 우리나라의 피로연처럼 영국에서도 결혼식 후에 음식을 대접하는데, 결혼식에 참석한 모두가 피로연에 갈 수 있는 것이 아니라 미리 초대받은 몇몇 지인들만 참석하게 된다. 따라서 정확한 인원파악을 위해서 참석 여부를 물어본다고 한다.

게빈과 피비의 집안은 좀 넉넉하게 사는 가정이라서 런던의 유명한 호텔에서 한 명에 한화로 60만 원 정도의 저녁 식사 대접을 하는 피로연을 한다고 했다. 축의금을 내는 문화도 아니라서 결혼 선물을 어떻게 해야 하나 고민하고 있었는데, 데이비드가 말하길 피비가 선물 리스트를 보냈다면서 인터넷에 가서 원하는 항목을 결제해주면 된다고 했다. 그래서 선물 리스트를 봤는데 정말 비쌌다. 접시 하나를 선물했는데 가격이 장난 아니었다. 하지만 60만 원짜리 저녁 식사에 초대된 것이라 뭐 어쩔 수 없는 노릇이었다. 축의금이라고 생각할 수밖에.

나랑 결혼해 줄래?

United Kingdom Working Holiday

아침부터 넥타이로 씨름을 했다. 오늘은 지난 번 결혼식 초대를 받은 피비와 게빈의 결혼식이 있는 날이다. 영국에서 있을 인터뷰를 대비해서 가져온 정장인데 이곳에서 결혼식 다니느라 더 많이 입게 되는 것 같다.

결혼식은 런던 우리 교회에서 했다. 도착하니 입구에 스코틀랜드 전통의상인 킬트를 입고 안내하는 게빈의 친구들이 있었다. 킬트는 가문에 따라서 모양과 패턴이 다르다고 한다. 한편 영국에서는 신부 측 들러리인 Bridesmaids가 4명이 있고, 결혼반지를 전해주는 신랑 측 들러리인 Best man이 있다. 그리고 결혼식 후 서약을 하는 종이가 있는데 이것이 곧바로 법적 효력을 지니는 문서가 된다. 우리나라처럼 공공기관에 가서 따로 신고하는 것은 아니라고 한다.

The Dorchester

예식이 끝나자 피로연 장소까지 안내하는 버스가 도착했다. 하지만 생각보다 많은 인원 때문에 다른 일행을 배려하는 차원에서 나를 포함한 몇몇 친구들은 지하철을 이용하기로 했다.

피로연 장소는 정말 유명하고 전통 있는 호텔인 도체스터(The Dorchester)였다. 우리는 피로연 전에 간단하게 샴페인이나 음료를 마시면서 이야기를 했다. 그리고 이름표가 적힌 자리에 앉자 피로연이 시작되었다. 게빈 친구들과 같은 테이블에 앉게 되어서 점잖게 사진 안 찍고 멋있게 식사하려고 했는데, 옆에서 로라가 왜 이번에는 사진 안 찍느냐고 해서 못 이기는 척 열심히 사진을 찍었다. 식사는 전채 요리로 도미가 나오고 메인 요리로 양고기가 나왔다. 결혼식 전날 유엔과 4파운드 양고기를 먹었는데, 정말 이렇게 맛이 다를 수 있나 싶었다. 후식으로는 셔벗과 초콜릿 조각이 나왔다. 나는 배운 것을 사용해보고 싶어서 푸딩이라고 이야기했더니 이런 음식은 디저트라고 해야 한다고 알려줬다.

영어 참 어렵다.

식사를 다 마치자 신랑과 신부 측 들러리들이 각각 나와서 신랑, 신부의 부끄러운 일화들을 공개했다. 그리고 신부 아버님께서 나오셔서 신랑에게 많이 참아야 할 것이라고 말하자 모두 웃음바다가 되었다. 이런 모습을 보니 전에 보았던 서양 영화 속 결혼식 장면들이 이해가 되었다. 이후 신부와 신부 아버지의 춤을 시작으로 광란의 댄스 피로연이 시작되었다. 피로연은 밤 12시까지 이어져서 가족 단위의 하객들은 일찍 돌아가고 청년들 몇몇만 늦게까지 자리를 지켰다.

26살에 박사 학위를 받고 직장을 구한 뒤 결혼하는 능력자 게빈을 보면서 나 역시 누군가의 남편이 되어 서로의 삶을 함께 책임지며 살아갈 수 있을까 하는 고민이 머릿속을 스쳐갔다.

감사 카드

United Kingdom
Working Holiday

피비와 게빈의 결혼식 후 카드 하나를 받았다. 열어 보니 피비와 게빈이 자신들의 결혼식에 참석한 사람들에게 커플사진과 함께 손 글씨로 편지를 써서 보낸 것이었다. 이를 감사 카드(Thanks card)라고 한다. 영국은 참 카드 보내는 것을 좋아하는 것 같다. 우리나라에서는 엽서나 카드를 적는 사람들을 이제는 거의 찾아볼 수 없지만, 영국에서는 카드가 기념일마다 필요하다. 그래서 거리마다 심심치 않게 카드 가게를 볼 수 있다.

런던에서 한국어 선생님이 되다

United Kingdom
Working Holiday

어김없이 매장 일을 마치고 집으로 돌아가는 길에 메일을 확인해보니 인터뷰 제의 메일이 와 있었다. 히드로 공항에서 판매를 도와주는 일로, 한국인 직원이 필요하다는 내용이었다. 생각을 더듬어 보니 오래 전에 검트리 사이트에서 보고 메일을 넣어두었던 곳이었다. 처음에는 '이게 얼마 만의 인터뷰인가!' 하면서 기분이 무척 좋았다. 메일을 확인한 것이 8일 월요일이었는데, 인터뷰 날짜를 보니 10일 수요일이었다. 나는 매번 인터뷰 전에는 그 회사와 직무에 대해서 조사하고 가는 편이라 이번에도 어김없이 찾아보았는데, 정보가 너무 없었다. 그래서 이 직무가 그리 좋은 업무는 아닐 수도 있겠다는 생각이 들어 왠지 가기 싫은 마음이 생겼다. 하지만 인터뷰 경험이라도 쌓자는 마음으로 전철에 올랐다.

10시 반 인터뷰였는데 거의 9시 넘어서 출발했다. 매장이 너무 바빠 아침에 와서 조금이라도 일을 하고 가야 했기 때문이다. 리버풀에서 히드로까지 한 시간 반은 잡아야 해서 조금 불안했다. 어떻게 보면 불안하기보다 가기 싫어서 그랬는지도 모르겠다. 마음은 그랬지만 어쨌든 전철에 몸을 싣고 가고 있었다. 그러던 중 결정적인 한 방이 나왔다.

배가 너무 아팠다.

정말 전철에서 인터뷰고 뭐고 화장실부터 가고 싶었다. 그때 사우스 켄싱턴(South Kensington)역으로 들어가고 있었는데 지난번에 갔던 과학 박물관(Science Museum)이 생각났다. 그래서 바로 내려서 박물관으로! 그런데 V&A 박물관이 더 가까워서 그쪽으로 들어갔다. 표정은 여유 넘치는 관광객의 얼굴을 하면서 눈은 독수리같이 화장실을 찾아서 이리저리 굴렸다. 혼자 이게 뭐하고 있는 짓인가 했지만, 몸은 너무 긴박했다. 그러다가 마침내 화장실을 찾아 볼일을 본 후 여유롭게 밖으로 나올 수 있었다.

그제야 박물관의 정경이 눈에 들어왔다. V&A 박물관은 패션이나 예술 쪽으로 특화된 박물관이었다. 그때 데이비드 보위(David Bowie)의 특별전이 열리고 있었기 때문에 사람들이 엄청나게 많이 있었다. 다음날 같이 일하는 이탈리아 친구 루카에게 데이비드 보위의 전시가 열리고 있었는데 누군지 모르겠다고 하니 정색을 하면서 어떻게 그 사람을 모를 수 있냐며 당장 노래를 들어봐야 한다고 열을 올렸다.

어쨌든 인터뷰는 이미 물 건너갔고 시간이 좀 남아서 이사할 방을 알아보고자 바비칸(Barbican) 도서관으로 향했다. 가는 길에 목이 너무 말라 매점에 들어갔는데, 익숙한 음료를 보고 집어 들었다. 바로 'IRN BRU'라는 음료이다. 이 음료가 사연이 좀 있다. 영국에서는 코카콜라의 매출이 항상 1위인데 딱 한 지역만 2위인 곳이 있다. 그곳은 스코틀랜드로, 코카콜라를 제친 음료가 바로 'IRN BRU'이다.

나는 스코틀랜드에 가본 적은 아직 없었지만 런던에서 다니는 교회가 스코틀랜드 소속 교회이기 때문에 스코틀랜드 문화를 많이 듣고 배우고 있었다. 스코틀랜드 사람들은 늘 이 음료를 마시며, 코카콜라보다 이 음료를 더 좋아한다고 한다. 만드는 방법도 소수만 안다고 하는데 뭔가 코카콜라와 비슷한 마케팅을 하고 있는 것 같았다.

도서관에 도착해서 메일을 확인하는데 이번에는 또 다른 인터뷰 제안이 와 있었다. 역시 오래 전에 넣어두었던 곳으로, 옥스퍼드 서커스 근처에 있는 규모가 꽤 큰 랭귀지 칼리지(Language College)에서 한국어 선생님을 급하게 구하고 있었다. 한국어 교원 자격증이 있었던 것은 아니었지만, 대학생 시절에 학원에서 중학교 국어를 가르친 경험이 있어서 이력서와 자기소개서에 그 부분을 강조해서 보냈었다. 나는 수요일에 메일을 확인하고 인터뷰에 응하겠다고 답장을 보냈다. 그랬더니 목요일이나 금요일에 인터뷰를 바로 하고 싶다는 답변이 왔다. 목요일은 바로 다음날이라서 부담되어 금요일 오후 4시 이후에 가겠다고 말을 했다. 그리고 올 때 15분의 모의 강의를 준비해서 와달라는 요청을 받았기 때문에 PPT로 모의 강의 자료 및 계획서를 만들어서 어학원을 방문했다.

면접 질문은 이랬다.

1. 영국에서 한국어를 가르쳐 본 경험 있나요?

2. 한국에서 학생들을 가르쳤을 때 레벨(Level)이 어떻게 되었나요?

3. 교재와 강의자료들은 어떻게 준비하실 건가요?

4. 모의강의 부탁합니다.

나는 있는 것 없는 것 다 동원하면서 열심히 면접에 임했다. 면접을 보시는 분이 만약에 합격을 하게 된다면 수강생이 회사원이기 때문에 사무실에 가서 주 2~3회 일대일 강의를 진행하게 된다고 설명을 해주셨다. 그리고 저녁에 연락을 해주겠다는 말과 함께 면접이 마무리되었다.

면접이 끝난 후 같이 일하는 프랑스 친구 케빈(Kevin), 스페인 친구 안젤라(Angela)를 만나서 케빈의 여자친구도 소개 받고 런던에서 사는 것에 대해 같이 이런저런 이야기를 나누었다. 다들 타지에서 와서 같은 직장에서 일하다 보니 아무래도 다른 친구들보다 더 끈끈한 사이가 되었다. 그렇게 이야기꽃을 피우던 중에 학원에서 최종적으로 한국어 강의를 해달라는 연락을 받았다.

학원에서는 수업에 들어가기 전에 다른 선생님 수업을 참관해서 어떻게 진행하는지 교수법 훈련을 받고, 수요일에 다시 만나서 참관 피드백과 모의강의를 다시 한 번 진행하자고 했다. 역시 돈 쉽게 버는 것이 아님을 새삼 깨달았다. 어쨌든 비록 중국어나 일본어에 비해서 많은 학생은 아니었지만, 이런 일을 구할 수 있다는 것에 대해 감사하게 생각하면서 열심히 준비했다.

한편 조금은 색다르게 영국인 형을 한 분 알게 되었다. 영국 생활

과 관련해서 블로그를 쓰고 있었는데, 내 블로그를 보고 자신의 영국인 남자친구와 언어 교환을 해줄 수 있느냐는 한 여자 분의 부탁을 받았다. 사실 낯을 좀 가리는 편이라서 어떻게 할까 하다가 영국에 왔으니 주어진 기회들은 모두 도전해 보자는 생각에 영국인 형님을 만났다. 남자 둘이 첫 만남에 카페에 가는 것도 어색하고, 대낮부터 술 먹는 것도 좀 그래서 같이 밥을 먹자고 하고 한식당 'Kimchee'에 갔다. 그리고 같이 밥을 먹으며 이야기를 나누면서 친해졌다. 형님이라서 조금 어렵기는 했는데, 그래도 잘 챙겨주셔서 금방 친해질 수 있었다. 형님은 한국에 대해서 관심이 많았다. 여자친구가 지금 한국에 있어서 많이 그리워하는 모습을 보였는데, 괜히 연애하고 싶어서 혼났다.

지난 2주 동안 한국어 강의 준비와 한국어를 배우고 싶어 하는 영국인을 만나면서 내가 한국에 대해서 잘 모르고 있었다는 생각이 들었다. 한국의 인구는 얼마이고 한국의 면적은 어떻게 되는지, 그리고 우리의 역사와 문화 등을 외국인들에게 자세히 설명하지 못하는 모습이 부끄러웠다. 외국에서 나는 나 자신 뿐만 아니라 한국을 대표하는 얼굴이 될 수 있다는 점을 잊지 않기로 했다.

한국어 어렵지 않아요

United Kingdom Working Holiday

드디어 첫 한국어 수업을 했다. 런던의 동쪽 지역에 있는 에식스(Essex)에서 살고 있는 크리스(Chris)라는 남학생으로, 런던에서 보험 관련 매니저 일을 하고 있었다. 나는 크리스에게 한국어를 왜 배우고 싶은지 물어보았는데 크리스는 남자친구가 한국인이라서 배우고 싶다고 했다. 살짝 당황은 했지만 '영국이다. 쿨하게 받아들여야 한다'고 생각하면서 계속 수업을 진행했다.

대학교 4학년 시절 유니버설 뮤직 한국지사에서 총무로 근무할 때 회사에서 매주 영어수업을 들었던 기억이 있다. 퇴근 후에 영어 선생님께서 사무실로 오셔서 함께 한 시간 정도 공부하는 시간이 있었는데, 이제는 내가 영국에서 퇴근 후에 한국어를 가르치기 위해 사

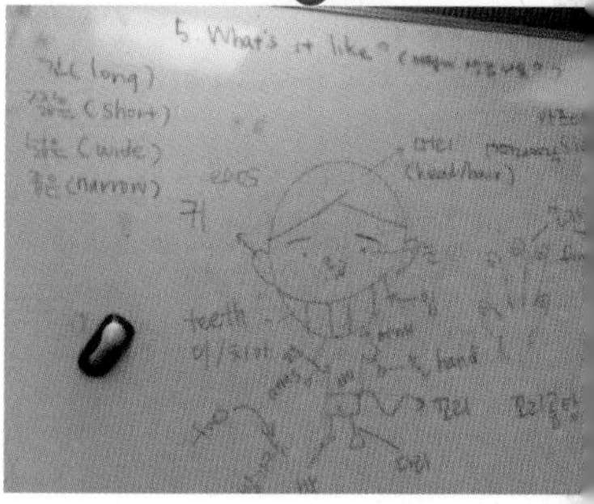

무실로 출근하고 있었다.

8월의 마지막 두 주 동안에는 내게 또 다른 학생이 찾아왔다. 한국어는 일본어나 중국어에 비해 큰 인기가 없다 보니 배우려고 하는 사람이 많지 않아 그때그때 수요가 발생할 때마다 강의했다. 이번에는 니콜(Nicole)이라는 체코에서 온 여학생을 가르치게 되었다. 한국인 동생 초혜가 공부하고 있는 SOAS에서 아시아 문화를 전공하는 학생인데, 이번 학기에는 한국에 대해서 배우기 때문에 예습 차원에서 강의를 신청했다고 했다. 매일 3시간씩 기초적인 한국어를 가르쳤는데 이미 일본어를 공부해서 그런지 일본어 억양과 발음이 한국어에서도 나타났다. 그 부분을 교정하는 것이 제일 어려웠다. 그래도 똑똑한 친구라서 금방 이해를 했다. 나 역시 드라마나 음악 자료들을 사용하면서 같이 열심히 공부했다. 니콜은 송중기의 팬이라고 했다. 그래서 송중기가 나오는 드라마는 모두 찾아서 본다고 했다.

수업은 오전에 이루어졌는데 사실 팀 리더로 와사비에서 아침부터 근무하고 있던 때라 시간 맞추기가 어려웠다. 그래서 매니저에게 잘 설명을 한 뒤 2주 동안 오전에 시간을 빼서 수업 갔다가 점심부터 저녁까지 근무하면서 정말 바쁘게 보냈다.

영국 잡지에 글 기고하기

United Kingdom
Working Holiday

일요일에 교회에 가니 다들 잡지를 읽고 있었다. 매월 출판되는 교단 잡지에 우리 런던 교회가 소개되었기 때문이었다. 사실 몇 달 전 목사님께서 교단에서 매달 발행되는 잡지가 있는데 이번에 우리 교회 소개를 하게 되었다고 말씀하셨다. 그런데 교회 사람 중 몇 명의 인터뷰 기사를 넣고 싶은데 써줄 수 있는지 나에게 물어보셨다. 나는 당연히 승낙했다. 인터뷰는 나의 소개와 어떻게 이 교회에 오게 되었는지, 어떤 활동에 참여하는지에 관한 내용이었다. 그 인터뷰 기사가 실린 잡지가 이번에 도착한 것이다. 영국 전역과 세계 각 지역에 보내지는 이 잡지에 작은 지면이나마 나의 인터뷰 내용이 실렸다는 사실이 참 감사하게 느껴졌다.

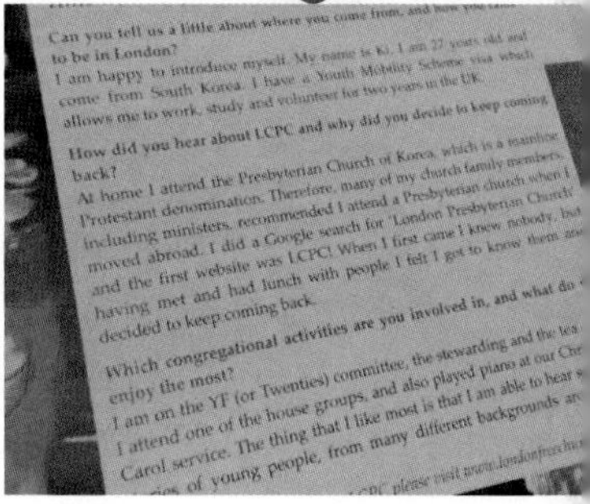

영국에서 한국인을 최대한 피하기 위해서 온 현지 교회. 처음에는 모든 것이 낯설고 어색하기 그지없었다. 하지만 이제는 누군가에게 이곳을 소개하고 전하는 입장이 되었다.

꼭 종교적인 단체가 아니라도 괜찮다. 영국을 깊게 이해하고 그들과 소통하고 싶다면 그들의 커뮤니티에 들어가 일원이 되는 것을 추천하고 싶다.

TV 아니고 Telly

United Kingdom
Working Holiday

영국의 문화와 역사, 영국식 영어를 빠르게 익히는 방법은 역시 TV 프로그램을 시청하는 것이라고 생각한다. 영국에서는 TV보다는 Telly라고 더 많이 표현한다. 영국은 크게 BBC, Channel 4, ITV 채널 홈페이지에서 방송을 다시 시청할 수 있다. SKY TV도 서비스를 제공하고 있지만 유료 채널이기 때문에 가입하고 월 사용료를 낸 사람만 시청이 가능하다.

개인적으로 즐겨보았고 재미있었던 영국의 방송 프로그램을 소개해보자면 다음과 같다.

1. Sherlock 드라마 셜록(Sherlock)은 한국뿐만 아니라 전 세계적으로 사랑을 받는 BBC 대표 프로그램이다. 셜록 역할을 맡은 '베네딕트 컴버배치(Benedict Cumberbatch)를 스타 반열에 올려놓았다. 시즌마다 3개의 에피소드로 구성되어 다양한 사건을 추리하는데, 에피소드와 시즌을 관통하는 범죄자 짐 모리아티(Jim Moriarty)와의 대결이 흥미롭게 펼쳐진다.

2. Luther 개인적으로 가장 좋아하는 범죄 드라마가 '루터(Luther)'이다. 진정한 악은 존재하는가에 대한 물음을 끊임없이 구하고 있는 깊이 있는 범죄 드라마이다. 극중 소시오패스 '앨리스(Alice)' 역을 맡은 루스 윌슨(Ruth Wilson)의 연기력은 그 흡입력이 대단하다. 선과 악의 이분법적 구분에 물음을 던지는 똑똑한 범죄 드라마이다.

3. Black Mirror 천재 감독 찰리 브루커(Charlie Brroker)의 드라마 '블랙 미러(Black Mirror)'는 현시대를 풍자하면서 어두운 미래의 가능성을 극적으로 표현하고 있다. 각 에피소드는 늘 논란과 혁신의 중심에 서 있다. 대중과 미디어, 기술의 혁신이 가져올 미래를 그리고 있다.

4. Utopia 'Where is Jessica?'라는 질문으로 시작되는 드라마 '유토피아(Utopia)'. 강렬하고 다채로운 색감이 인상적인 유토피아는 영상의 색감과 달리 매우 잔인하고 어려운 주제를 담고 있다. 지구의 인구 증가와 식량 부족, 이를 해결하기 위한 지구 인구 감축 프로젝트라는 구성이 신선하면서도 무섭게 다가오는 드라마이다.

5. White Chapel 런던 이스트 지역 화이트 채플에서 최소 5명이 넘는 여성을 잔인한 방법으로 살해한 영국 희대의 살인마 잭 더 리퍼를 모티브로 해 만든 범죄드라마이다. 지금도 화이트 채플 지역에 가면 잭 더 리퍼의 이야기를 가이드와 함께 체험할 수 있다.

6. Ripper Street 화이트 채플이 잭 더 리퍼의 범죄를 현대화한 작품이라면 '리퍼 스트리트(Ripper Street)'는 잭 더 리퍼가 활동하던 시기의 화이트 채플 형사들의 이야기를 그리고 있는 작품이다.

어두운 범죄 드라마와 달리 영국의 코미디 드라마도 재미있는 작품들이 많이 있다. 영국식 코미디를 어려워하는 사람들도 많지만 영국 특유의 유머에 빠지기 시작하면 마니아가 될 것이라 자신한다.

1. Miranda 영국의 코미디를 이야기하면서 '미란다(Miranda)'를 빼놓으면 말이 되지 않는다. 미란다는 30대 중반의 노처녀로, 키도 성인 남자보다 크고 먹을 것에 늘 집착하고 집에서만 생활하기를 좋아하는 누가 봐도 사회성이 부족한 캐릭터이다. 하지만 이 세상에 완벽한 사람은 없듯이 우리들의 부족한 면을 극적으로 표현하면서 영국인들의 엄청난 사랑을 받은 영국의 대표 코미디 프로그램이다. 영국의 문화, 관습, 언어 표현 등을 배우고 싶다면 반드시 봐야 할 것이다.

2. Mrs. Brown's Boys 미란다의 인기를 이어받은 코미디 '미세스 브라운스 보이스(Mrs. Brown's Boys)'는 아일랜드계 코미디 드라마이다. 미세스 브라운의 가정을 중심으로 벌어지는 에피소드를 그리고 있다. 조금은 표현 수위가 높고 언어 표현이 거칠지만, 아일랜드계 억양도 듣고 영국식 가정의 일반적인 모습을 느낄 수 있는 프로그램이다.

영국의 정통 드라마와 다른 조금은 독특한 형식의 드라마를 살펴보면 다음과 같다.

1. Downton Abbey 영국 요크셔 지방의 다운튼 애비(Downton Abbey) 저택에서 벌어지는 이야기를 그리고 있는 시대극이다. 영국 상류사회의 모습과 영국식 드라마를 느끼고 싶다면 반드시 봐야 할 드라마이다. 특별히 여성들의 많은 사랑을 받고 있다.

2. Waterloo Road 워털루 로드(Waterloo Road) 학교에서 벌어지는 다양한 이야기를 그린 드라마이다. 학교를 배경으로 하고 있지만 학생들의 이야기뿐만 아니라 선생님들의 이야기도 비중 있게 그리고 있어 우리나라 학교물과는 다른 느낌의 프로그램이다. 영국 학교의 모습을 엿보고 싶다면 강력하게 추천한다.

3. Pramface '프램페이스(Pramface)'는 엄마가 되어버린 10대를 지칭하는 단어이다. 단어가 의미하는 것처럼 10대에 아이를 갖게 된 두 남녀를 중심으로 이야기가 전개된다. 생각보다 많은 청소년들이 10대에 아이 엄마가 되는 영국 사회의 현실을 반영한 드라마이다.

4. The Only Way Is Essex 영국식 억양의 다양성을 느끼고 싶다면 에식스(Essex) 지역의 억양을 들어봐야 한다. 에식스 지역 특성을 확실히 느낄 수 있는 리얼리티 드라마 '디 온리 웨이 이즈 에식스(The Only Way Is Essex)'는 줄여서 'TOWIE'로 불리기도 한다. 실제 인물들이 어떤 대본도 없이 연기하는 듯한 이 드라마는 실제냐 아니

냐의 논란을 만들면서 다양한 캐릭터들이 등장한다. 에식스 지역을 찾아가게 할 정도로 나를 중독시켰던 드라마다.

5. Made in Chelsea 사실 TOWIE 형식의 원조격 드라마는 '메이드 인 첼시(Made In Chelsea)'이다. 런던 부촌인 첼시 지역에 사는 사람들의 이야기를 리얼리티로 보여주는 드라마이다.

6. Skins 불량 청소년이라기보다는 조금은 다른 청소년들의 이야기를 그린 영국 대표 청소년 드라마 '스킨스(Skins)'이다. 청소년을 대상으로 하는 드라마이지만 청소년들은 볼 수 없을 수위의 드라마이다.

7. London Irish 런던에 사는 아일랜드인들의 이야기를 유쾌하게 그린 '런던 아이리시(London Irish)'는 아일랜드의 문화와 억양에 대해 또 다른 매력을 느낄 수 있는 드라마이다.

8. Silk 영국 법정 드라마 '실크(Silk)'는 영국 법률 체계를 모르더라도 드라마에 푹 빠져버릴 만큼 극의 구성이 재미있고 매력적인 프로그램이다.

영국에는 드라마뿐만 아니라 재미있는 리얼리티 프로그램도 많이 있다.

1. The Voice UK 더 보이스 UK(The Voice UK)는 이미 우리나라에서도 방영되었다. 영국인들은 어떤 노래 스타일을 높게 평가하는지 알 수 있는 오디션 프로그램이다.

2. The Apprentice UK 영국의 대표 기업가 '앨런 슈거(Alan Sugar)'의 투자를 얻기 위해 지원자들이 매회 경쟁하는 비즈니스 경쟁 프로그램이다. 신사적인 영국의 문화와는 달리 잔혹하고 가차 없는 영국 비즈니스 세계를 엿볼 수 있다.

3. Strictly Come Dancing 영국을 대표하는 댄스 프로그램 '스트릭틀리 컴 댄싱(Strictly Come Dancing)'은 다양한 출연진과 화려한 무대로 볼거리가 풍성한 쇼 프로그램이다.

4. The Question Time 영국의 대표 토론 프로그램이다. 다양한 지역에 직접 찾아가서 주민들과 함께 토론을 진행하며, 패널들은 직전까지도 그들의 질문을 알지 못하는 구성으로 되어 있다. 영국이 가진 다양한 문제와 이슈를 확인할 수 있는 프로그램이다.

5. Come Dine With Me 참가자들이 함께 돌아가면서 식사를 하고, 최고의 식사를 만든 참가자에게 상금을 주는 프로그램이다. 영국의 식사 문화와 놀이 문화를 느끼고 싶다면 이 프로그램을 추천한다.

6. The Call Centre 'Some will, Some won't. So What, Next!'를 모토로 콜 센터를 운영하는 보스와 직원들의 이야기다. 콜 센터에서 일어나는 다양한 일들을 리얼리티 있게 보여주다 보니 영국의 직장문화와 직원들의 삶의 모습을 확인할 수 있다.

영국의 다큐멘터리는 말하지 않아도 최고의 퀄리티를 자랑하고 있다. 많은 웰메이드 다큐멘터리가 있지만 그중에서 몇 가지를 추천하면 다음과 같다.

1. Simon Reeve의 Pilgrimage / Caribbean / Australia / Indian Ocean / Tropic of Cancer 사이먼 리브(Simon Reeve)는 여행 다큐멘터리 전문 방송인이다. 다양한 나라를 여행하면서 겪는 이야기를 친한 친구가 알려주듯이 설명해준다. 사이먼의 이야기를 듣다 보면 정말 그곳을 함께 여행하는 것 같은 기분을 느끼게 된다.

2. Seven Ages of Britain 영국의 역사를 빠르게 알고 싶다면 이 프로그램을 추천한다. 영국의 역사를 7개의 시대로 구분해서 만든 프로그램으로 퀘스천 타임(Question Time)의 진행자 데이비드 딤블비(David Dimbleby)가 프로그램의 진행을 맡았다.

3. Westminster Abbey 영국의 역사와 사건을 함께 한 영국의 대표적인 건축물 웨스트민스터 사원(Westminster Abbey)과 관련된 사람들과 이곳에서 사는 아이들의 모습을 볼 수 있는 프로그램이다. 티켓을 구해서 들어가도 얻지 못할 웨스트민스터 사원의 다양하고 깊은 이야기를 알 수 있다.

영화 무제한으로 보면서 영어 공부하기

United Kingdom Working Holiday

영국 영화관은 한국과 다른 점이 몇 가지 존재한다. 먼저 지정된 좌석이 없다. 때문에 티켓을 구매한 후에 먼저 가서 앉으면 그 자리가 내 자리가 된다. 그리고 우리나라의 경우 영화 시작 후 거의 10분 이내에 영화가 상영되는 반면 영국의 영화관 광고는 30분 정도 나온다. 오후 6시 영화라고 한다면 실제 영화는 6시 30분에서 40분 정도에 시작된다. 또한 지역 마다 영화 티켓 가격이 다른데, 런던의 경우 보통 10파운드 이상으로 설정되어 있다. 따라서 한 달에 두 번 정도 본다면 거의 3~4만원가량의 돈이 지출된다.

영국 은행원 친구 데이비드는 매달 2번 이상의 영화를 관람하기 때문에 무제한 회원에 가입했다고 했다. 난 처음에는 영화 볼 일이

별로 없어서 가입하지 않았는데, 친구들과 만나면 영화를 보통 한 달에 한 번 이상 보기 때문에 나 역시 회원 가입을 하기로 했다. 보통 1년 계약으로 이루어지는데 한 달에 15파운드 정도의 월정액 요금이 있다. 하지만 영화를 2번 이상 관람할 경우 더 경제적이기 때문에 가입했다.

신청은 씨네월드 사이트(http://www.cineworld.co.uk/unlimited/howitworks)에서 하면 되는데, 씨네월드 극장이 자신이 거주하는 곳에서 가까이 있는지 먼저 확인해야 한다. 아무래도 거리가 멀다 보면 자주 가기가 어렵기 때문이다. 한편 신청을 마친 후 카드가 올 때까지 계속 기다렸는데, 알고 보니 결제한 내용을 출력해서 영화관에 가져가면 바로 무료로 영화를 볼 수 있었다.

예전에 어떤 원어민 교수님께서 이런 말씀을 해주신 적이 있다.

"영어를 잘하기 위해서는 우리의 뇌가 영어를 끊임없이 듣고 영어에 익숙한 두뇌 효율성을 갖도록 해야 한다. 또 영어를 문맥과 실제 상황 속에서 배우는 훈련을 많이 해야 한다."

이것이 내가 BBC 라디오를 출근길에 매일 듣고 영국 드라마를 계속해서 보는 이유이다. 비싼 학비를 주고 어학원에서 영국인이 아닌 친구들과 영어로 대화하기보다는 저렴한 금액을 내고 즐겁게 영화를 보는 것도 또 다른 영어 공부 방법이 될 수 있다.

알아두면 유용한 영어 표현

United Kingdom Working Holiday

1. It is not brain surgery / rocket science - 그렇게 어렵지 않아 영국에서 지역마다 조금 다르게 사용하는 표현이지만 그 속뜻은 '그렇게 어렵지 않으니 걱정하지마'라는 뜻이다. 누군가 뭔가를 주저하거나 어려워할 때 사용한다. 상황에 따라 친구들을 비아냥거리는 것으로 들릴 수 있으니 어른들 앞이나 공식적인 자리에서는 사용하지 않는 것이 좋다. 에식스(Essex)에 사는 영국인 친구의 말에 따르면 에식스 지역에서는 brain surgery를 더 많이 사용하고 런던 쪽에서는 Rocket science를 많이 쓴다고 한다.

2. That is not my cup of tea - 내 취향 / 스타일 아니다 다른 표

현들과 비교했을 때 가장 많이 들을 수 있는 숙어(Idiom) 중 하나이다. 차를 사랑하는 영국인들이라 이런 영어표현이 발달한 것 같다는 생각이 든다.

3. This is a nail in my coffin - 이것은 내게 결정타였다 관에 박는 못이라는 표현으로 어떤 사건이 결정적인 원인이 되어 결과에 작용했을 때 사용하는 표현이다. 영국 오디션 프로그램 '더 보이스 UK(The voice UK)'에서 Will. I. Am이 원했던 참가자를 다른 심사위원인 Ricky가 뽑자 불만을 표현하면서 위와 같은 표현을 사용했다.

4. This is a piece of cake - 식은 죽 먹기 우리나라에서는 식은 죽이라는 용어를 사용하지만, 영국은 케이크로 표현한다. 'It is not brain surgery'와 비슷한 맥락으로 사용할 수 있다.

5. Let the cat out of the bag - 실수로 비밀이 드러나다, 실수로 비밀을 말하다 영국 코미디 프로그램 '미란다'를 보면서 처음 들었던 표현이다. 미란다가 고양이를 가방에 넣고 공항 검색대를 통과하다가 사람들이 고양이가 밖으로 나오자 막 웃는 장면이 있었다. 방송을 볼 당시에는 이해를 못하다가 영국에 와서 이해하게 된 표현이다. 몇 가지 설이 있는데 유력한 이야기로는 예전에 새끼 돼지 시장에서 돼지 대신 고양이를 넣고 거래하다 적발되면서 이와 같은 표현이 생

겼다고 한다. 즉 어떤 사건이나 계기로 숨겨두었던 비밀이 탄로가 날 경우 사용하는 표현이다.

6. Put yourself in his shoes - 상대방 입장에서 생각해 이 표현도 정말 많이 쓰이고 유명한 표현이다. 직역하면 '그 사람의 신발을 신어라'이지만, 상대방의 입장에서 생각해 봐야 한다고 말할 때 사용하는 표현이다.

7. Don't judge a book by its cover - 겉모습만 보고 판단하지 말아라 이것도 자주 쓰이는 표현이다. 책 표지만 보고 내용을 판단하면 안 되듯이 겉으로 드러난 외형적인 부분들만 보고 전체를 파악하지 말라고 충고하는 표현이다. 영국의 책 시장은 크기가 상당히 크고 많은 사람들이 책을 사랑하고 있기 때문에 이런 표현이 생긴 것 같다.

8. I'm snowed under at the moment - 난 지금 매우 바빠 이 표현은 조금 생소할 수 있지만 영국에서는 많이 사용되는 표현 중 하나로 진심으로 정신이 없고 바쁠 때 많이 쓰는 표현이다. 업무가 많이 있음에도 불구하고 동료가 다른 일을 부탁했을 때나 누군가 업무적으로 안부를 물을 때 지금하고 있는 프로젝트들 때문에 정신이 없다고 표현하고 싶을 때 등에 쓸 수 있다.

9. Chin up - 힘내! 잘 할 수 있어! 누군가 어려운 상황에서 좌절하고 힘들어 할 때 사용할 수 있는 표현이다. 고개 숙이지 말고 턱을 들고 당당하게 행동하라는 표현으로 '힘내, 잘 할 수 있어, 걱정마!' 등으로 해석할 수 있다.

10. You look smart - 멋있는데 똑똑해 보인다는 표현이 아니다. 영국에서는 정장이나 깔끔하게 옷을 입었을 때 멋있다는 표현으로 이 표현을 쓴다.

11. Let's make a toast - 건배하자 어떤 일을 축하하거나 기념할 때, 파티 등의 장소에서 사용될 수 있는 표현이다. 펍에서 이런 대화가 나온 문장을 읽으면서 처음에는 의아했는데, 여기서 토스트는 빵이 아니라 건배의 의미로 사용된다.

12. I'll get out of your hair - 귀찮게 하지 않을게 자꾸 귀찮게 무언가를 물어보거나 상대방을 짜증나게 했을 때, 그만하고 귀찮게 안 하겠다는 의미로 사용할 수 있는 표현이다.

13. Count on me / Count me in 친구가 파티에 초대하면서 '올 사람들은 알려줘'라고 하기에 나도 가니까 리스트에 적으라는 표현으로 "Count on me"라고 했더니 친구가 "You mean count you in?"이라고 했다. 확인해보니 'Count on me'는 '나를 의지해'라는 표현이었다.

14. It's raining cats and dogs 비가 정말 많이 올 경우 쓰는 표현이다. 왜 이런 문구가 나오게 되었는지는 여러 설이 존재하는데, 오래 전 시와 희곡에서 사용된 표현이 지금의 형태로 변형되었다고 보는 견해가 많다.

영어가 유창하지 않다고 주눅 들어서 말하지 않기보다는, 모국어가 아니기 때문에 더 열심히 말하고 고치면서 배우는 자세가 필요하다.

TIP-BOX 비슷하면서도 다른 영국 영어와 미국 영어

British Words	American Words
Crisps	Chips
Chips	French fries
Underground/Overground/Tube	Subway/Metro
Cheers	Thanks
Trousers	Pants
Pants	Underwear
American Football	Football
Football	Soccer
Posh	Rich
Secondary School	High School
Primary School	Elementary School
Mobile	Cell Phone
To let	For Rent
Toilet/Loo	Restroom
Colour	Color
Theatre	Theater
Programme	Program
Whilst	While
Memorise	Memorize
learnt	learned
Honour	Honor
Realise	Realize

Centre	Center
Grocery Store	Supermarket
Telly	TV
Mum	Mam
Mate!	Dude/Bro!
Queue	Wait in line
Holiday	Vacation
Sorry? Pardon?	What?
Lorry	Truck
Lift	Elevator
Petrol	Gas/Gasoline
Pavement	Sidewalk
Flat	Apartment
Sweets	Candy
Starter	Appetizer
Bill	Check
Take-away	Take out
Bin	Trash Can
Post	Mail
Solicitor	Lawyer
Surgery	Doctor's office
Quid	Bucks
Off you go	Go ahead

하기스(Haggis) 먹는 날

United Kingdom Working Holiday

참석하는 교회가 스코틀랜드 소속이다 보니 특히 스코틀랜드 분들과 매우 친해져 스코틀랜드에 관한 이야기를 들을 기회가 많이 생겼다. 1월 25일은 영국 스코틀랜드 시인인 로버트 번스(Robert Burns)의 생일인데, 이 날은 특별히 하기스(Haggis)를 먹는다고 한다. 왜 이 시인의 생일이 기념일까지 되었는지 여쭤보니 그의 시가 많은 사랑을 받았기 때문이라고 한다. 우리에게 잘 알려진 '오랫동안 사귀었던 정든 내 친구여~'로 시작하는 노래도 바로 로버트 번스의 시라고 한다.

크리스마스에는 칠면조 고기를 먹듯이, 이 날은 하기스를 먹는다. 물론 잉글랜드나 웨일스 사람들은 이 날을 기념하지 않지만, 스코틀랜드와 일부 북아일랜드 사람들은 이 날을 기념해서 전통의상을 입고 연설도 한다. 하지만 우리는 그냥 조촐하게 저녁에 하기스를 먹기로 했다.

내가 이건 무엇으로 만들어진 음식인지 여쭤보니 일단 먹어보고 확인하라고 하셨다. 그래서 박쥐고기냐고 여쭤보니 박쥐를 어떻게 잡아서 이렇게 만들어 먹느냐면서 한참을 웃으셨다. 하기스는 물에 삶아서 조리하는 것으로 느끼하진 않은데, 뭔가 물이 계속 마시고 싶어지는 맛이었다.

하기스를 먹기 전에는 로버트 번스 시인이 쓴 〈Address to a Haggis〉를 읽고 칼로 하기스를 푹 찌르는 전통이 있다. 그런데 이 시는 고어들로 쓰여 있어서 스코틀랜드 사람들도 읽기 어려워한다고 한다. 우리는 목사님 부인이신 캐서린 사모님께서 읽어주셨다.

그리고 마침내 그렇게 뜸을 들였던 하기스의 재료가 공개되었다. 하기스는 양의 심장과 허파, 내장 등을 갈아서 만든 것이라고 한다. 이 분들 내가 그 정도에 비위 상할 것이라고 걱정하시다니. 한국의 선지나 곱창, 막창은 아마 손도 못 대실 것 같다는 생각이 들었다.

누텔라를 사랑한 유럽 친구들

United Kingdom
Working Holiday

일하는 매장에 이탈리아와 프랑스 친구가 새로 왔다. 이탈리아 친구 파비오는 나이는 어리지만 생각하는 것도 성숙하고 성격도 좋아서 금세 친해졌다. 프랑스 친구 케빈도 나랑 나이가 같고 생각하는 것도 비슷해서 말이 잘 통했다. 아침에 같이 음식을 준비하면서 내가 좋아하는 이탈리아 음식들에 대해서 알려주며 한국에 있을 때도 김치보다 파스타가 좋았다고 하니 재밌단다. 프랑스 친구한테는 고등학교, 대학교에서 배운 불어로 열심히 연습했다.

그렇게 이야기하면서 일을 하고 있는데 나에게 누텔라를 먹어봤느냐고 물었다. 나는 누텔라가 뭔지 모른다고 답했다. 그랬더니 아주 표정들이 가관이었다. 엄청난 충격을 받은 얼굴을 하면서 어떻게 누텔라를 모를 수 있느냐면서 정말 한 번도 안 먹어 봤냐면서 기겁을 했다. 프랑스에서 온 케빈은 누텔라는 코카콜라와 같은 급의 브랜드라고 이야기를 해주었다. 이탈리아 사람들은 아침에 일어나서 에스프레소 한 잔과 누텔라를 바른 빵으로 아침 식사를 한다고 한다. 프랑스에서도 크레이프에 누텔라를 발라서 간식처럼 많이 먹는다고 했다. 그래서 내가 어디서 누텔라를 구해야 하느냐고 물으니 어떤 슈퍼에도 다 있다고 당장 하나 구매해서 먹어보란다. 도대체 누텔라가 얼마나 맛있기에 다들 이러는지.

그리고 그 주 일요일, 교회 분 중 한 분이 점심에 초대해 주셔서 갔는데, 점심 식사 전에 간단하게 먹을 수 있는 빵과 차를 가지고 나오셨다. 빵에 버터 같은 것을 발라주셨는데 맛있어서 여쭤보니 버터는 아니고 스프레드라고 말씀해주셨다. 그렇게 새로운 식품에 대해서 알게 된 후 한동안 잊고 있다가 장을 보러 갔을 때 생각이 나서 누텔라와 스프레드를 구매했다. 누텔라는 예상했던 맛이었다. 악마의 잼이라고 다들 이야기해서 기대했지만 나에게는 그저 초콜릿 녹인 버터 맛이었다. 원래 단 것을 별로 안 좋아하기 때문에 누텔라는 내 입맛에는 너무 달았다. 난 군대에서도 일 끝나고 수고했다고 초코파이 창고에 들어가서 마음껏 먹으라고 허락해 주셨을 때도 그

냥 커피 한 잔 마시기만 했을 정도로 단 것은 별로 좋아하지 않는다. 그래도 스프레드는 일요일에 먹었던 것과 비슷한 맛이 나서 괜찮았다. 여하튼 매일 이렇게 단 누텔라로 아침 식사를 한다는 이탈리아 동생 파비오는 왜 살이 찌지 않는지 의아했다.

향긋한 버로우 마켓 (Borough Market)

United Kingdom Working Holiday

토요일 이른 아침, 지하철을 타고 Elephant and Castle(E&C) 지역에 다녀왔다. 사실 영국에 오기 전에 E&C는 피해야 할 곳 중에 하나라는 블로그 포스팅을 많이 보았다. 상대적으로 흑인들이 많이 지내고 있고 다른 지역에 비해서 조금은 복잡하고 소란스러운 동네라서 그런 것 같았다. 하지만 막상 와보니 그렇게 발도 못 붙일 지역은 아니었다.

지난번 하기스를 만들어 준 네덜란드에서 온 리아의 집이 이곳에 있다. 사실 이 날도 리아의 집을 방문하기 위해서 왔다. 리아는 런던에서 오랫동안 근무하다가 이번에 네덜란드에 새로운 직장을 구해서 이사한다. 그래서 이삿짐을 싸야 하는데 일손이 부족하다는 말을 듣고 도와주러 가기로 했다. 스코틀랜드에서 런던으로 와서 패션

회사에서 근무하고 있는 아이에이샤도 함께 했다. 한창 런던 패션위크 때문에 바쁠 텐데도 시간을 내주었다. 그런데 막상 리아의 집에 갔더니 별로 할 일이 없어 그냥 신문지로 몇 가지 짐을 싼 뒤 점심을 같이 먹고 이야기 좀 하다가 나왔다.

그러자 오후에 시간이 너무 많이 남게 되어 버렸다. 아이에이샤랑 나는 황금 같은 토요일 연휴를 이렇게 보낼 수는 없어 근처에 있던 버로우 마켓(Borough Market)으로 향했다. 유명하다는 몬머스(Monmouth) 카페를 갔는데 역시 명성에 걸맞게 줄이 길게 늘어져 있었다. 솔직히 어떤 커피가 좋고 어떤 커피가 안 좋은 커피인지 구별하기란 나에겐 어려웠다. 그저 런던의 가장 붐비는 마켓에서 커피를 마시면서 사람들을 바라보는 그 여유가 좋았다.

커피를 마신 뒤 와사비에 가서 직원 30% 할인으로 초밥 세트를 먹었다. 둘 다 초밥을 좋아해서 저녁 메뉴 선택에 어려움이 없었다.

전통시장은 서민경제의 시금석 또는 바로미터라는 말이 있듯이 영국의 주말 마켓을 가보면 영국인들의 삶을 여실히 확인할 수 있다. 편리한 대형마트도 좋지만 신선한 식품과 자연스러운 대화가 오가는 마켓은 영국에서 반드시 경험해야 할 공간이다.

MONMOUTH
MONMOUTH
MONMOUTH

Down steps for
Borough Market
The Golden Hinde
Clink Street
Tate Modern

런던의 대표 마켓

1. Borough Market 주말에 런던 브리지(London Bridge)를 지나 남쪽으로 가다 보면 어느새 버로우 마켓의 향긋한 냄새에 이끌려 다리 밑으로 내려가게 된다. 상대적으로 식품류가 많고 다양한 해산물도 경험할 수 있다. 신선한 빵과 치즈, 과일 등을 얻고 싶다면 강력하게 추천하고 싶다. 킹스 칼리지(King's College)가 가까이 있어서 학생들도 자주 찾는 마켓이다.

2. Brick Lane Market 길거리에서 누군가와 똑같은 브랜드의 옷을 입고 당황했던 경험이 있는 사람들이 꼭 가봐야 할 마켓이다. 그 어디서도 구하지 못할 유니크한 아이템들과 음식들이 넘쳐나는 마켓이다.

3. Broadway Market 상대적으로 관광객들에게 잘 알려지지 않은 마켓이지만, 현지인들에게는 매우 유명한 마켓 중 한 곳이다. 리얼리티 프로그램 어프렌티스(The Apprentice)의 미션이 수행된 마켓이기도 한 이곳에서는 다양한 음식들과 식료품을 얻을 수 있다.

4. Camden Lock Market 진정한 빈티지를 얻기 위해서는 이곳에 가야 한다. 운하를 따라 다양한 길거리 음식과 함께 곳곳에 보석 같은 상점들이 숨겨져 있다. 지상과 지하 상점을 돌아다니다 보면 쉽게 길을 잃어버릴 수도 있으니 조심해야 한다. 빈티지 코트를 흥정으로 싸게 구매했던 마켓이다. 흥정도 시도해 보길!

5. Covent Garden London 런던 관광객이 가장 많이 모이는 곳 중 하나이다. 로열 오페라 하우스와 런던 교통 박물관이 가까운 곳에 있다. 레스토랑과 상점뿐만 아니라 다양한 길거리 문화 공연을

끊임없이 볼 수 있는 곳이다.

6. Greenwich Market 이곳 음식은 말이 필요 없다. 그리니치(Greenwich) 천문대 혹은 해양 박물관을 구경한 뒤 식사를 하기 위해서는 반드시 찾아야 할 마켓이다.

7. Old Spitalfields Market 영국에서 가장 많이 방문했고, 그만큼 가장 좋아하는 마켓이다. 리버풀 스트리트(Liverpool Street)역에서 가기에 제일 좋은 곳이다. 쇼디치와 브릭레인 지역도 걸어서 갈 수 있으며 다양하고 감각적인 디자인 숍들과 젊은이들이 많은 것이 특징이다.

8. Portobello Road Market 1800년대부터 마켓으로 운영되어 온 포토벨로 마켓은 우리에게는 노팅힐로 더 유명한 마켓이다. 개인적으로 고급스러운 앤티크 제품을 찾기에 좋은 마켓이라고 생각한다.

9. Real Food Market 로열 페스티벌 홀(Royal Festival Hall) 뒤 사우스뱅크 센터 스퀘어(Southbank Centre Square)에서는 매주 금~일요일마다 다양한 음식들이 소개된다. 햇살이 좋은 날 템스 강을 따라 산책 후에 점심을 먹기에 매우 좋은 마켓이다.

여왕님과 포트넘 앤드 메이슨 (Fortnum and mason)

United Kingdom Working Holiday

로라 이모의 생일 선물을 사기 위해 영국 왕실에 차를 납품하면서 유명해진 고급 백화점 포트넘 앤드 메이슨(Fortnum and mason)에 다녀왔다. 작은 사탕을 구매했는데, 한화로 2만 원 정도나 했다. 역시 런던다운 물가다.

1층에는 대부분 차와 관련된 상품들이 진열되어 있었고, 지하에는 식품 코너가 구성되어 있었다. 바닥부터 인테리어까지 고급스러움이 물씬 나는 백화점이었다. 그런데 식품코너에 나의 눈을 사로잡는 상품들이 있었다. 바로 거대 개미 초콜릿, 지네 사탕, 전

갈 초콜릿이었다. 작은 초콜릿 조각이 만 원이 넘었는데 정말 사가는 사람들이 있었다. 영국 친구들에게 우리나라에서는 족발, 닭발을 먹는다고 했더니 야만인처럼 쳐다봤었는데, 이 녀석들은 우리보다 더 엄청난 것들을 먹고 있었다. Wow!!

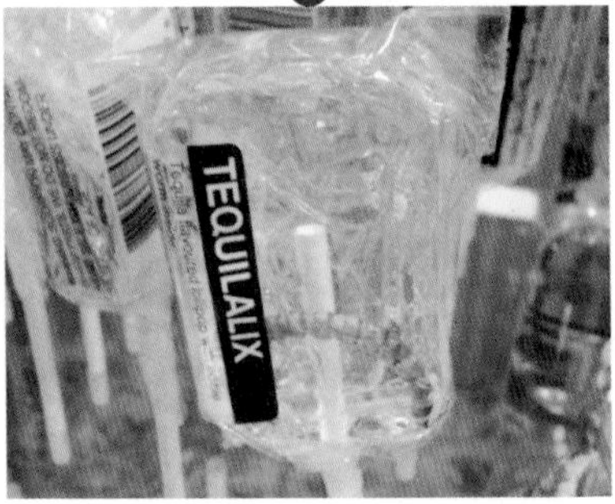

한국 음식의 밤

United Kingdom
Working Holiday

청년들 모임이 격주 금요일마다 있었다. 격주라서 이번 주에는 모임이 없었지만, 특별히 청년들을 초대해서 한국 음식을 만들어 주었다. 이유는 같이 지내는 한국인 동생 초혜가 방학을 맞이해서 한국으로 돌아가게 되었기 때문에 그 전에 특별히 한국 음식을 만들어 주고 싶다고 해서 소집하게 되었다. 초혜는 불고기를 만들고 나는 볶음밥과 떡볶이 등을 만들기로 했다. 사실 대학교 다니면서 자취생활을 오랫동안 하긴 했지만 대부분 사먹었던 터라 어떻게 요리해야 할지 난감했다. 그래도 친구들이 떡볶이를 먹고 싶다고 해서 인터넷으로 검색해가면서 처음으로 만들어보았다. 그런데 고추장을 어느 정도 넣어야 할지 몰라서 많이 넣었더니 엄청나게 매웠다. 그래서 친구가 추천해준 방법인

식혜를 계속 넣으면서 매운맛을 줄였다. 떡볶이에는 또 어묵을 넣어야 제맛이지만 어묵을 사지 못했기 때문에 아쉽지만 그냥 채소랑 달걀만 넣고 만들었다. 볶음밥은 한국적인 밥을 먹게 해주고 싶어서 일하는 매장에서 밥을 직원가로 싸게 구매해서 만들었다. 야채를 안 익히고 넣어서 딱딱하긴 했지만 뭐 어쩔 수 없는 노릇이었다. 사실 영국에서 먹는 쌀은 한국 쌀보다 더 가볍고 맛이 없다. 설령 한국에서 난 쌀을 구한다고 해도 밥통이 없으면 냄비로 요리해야 하는데, 그러면 특유의 차진 맛이 나지 않으니 이래저래 아쉬웠다.

원래는 부침개도 만들어 주려고 했으나 너무 시간도 오래 걸리고 다들 배고파하는 것 같아서 군만두만 추가로 만들었다. 다들 정말 맛있었는지 모르겠으나 깨끗하게 다 먹은 것을 보니 괜히 아빠 미소가 나왔다.

그렇게 즐거웠던 한국 음식의 밤이 끝난 뒤 런던에서 노래방을 가려고 밖으로 나왔다. 그런데 가격을 시간당 5만 원을 넘게 불러서 근처를 구경하다가 그냥 버블티를 마시러 갔다. 그러다 일하고 있던 유엔을 만나 다 같이 살사클럽에 가게 되었다. 솔직히 정말 가기 싫었다. 춤도 잘 추지 못하고 클럽은 워낙 별로 안 좋아하는 성격이라 재미없을 것 같았다. 런던에서 첫 클럽이 살사클럽이라니.

예상대로 정말 재미없었다.

그래서 그저 친구들이 춤추는 모습을 보다가 가끔 이상한 남자들이 친구들에게 치근덕거리면 가서 막아주면서 놀았다. 이런 내가 불쌍했는지 어떤 아저씨께서 살사의 기본기를 조금 알려주셨는데, 괜히 민망하면서도 그건 재미있었다.

외국에서 내 모든 것을 내려놓을 필요는 없지만, 가끔 새로운 시도를 해보는 것도 외국 생활의 묘미가 아닐까.

영국 음식에 관하여

United Kingdom Working Holiday

영국 음식이라고 하면 많은 사람들이 피쉬앤칩스를 떠올린다. 하지만 피쉬앤칩스는 말 그대로 생선튀김과 감자튀김이기 때문에 요리라고 하기엔 부족한 면이 있다. 그러나 그만큼 특별히 선보일만한 영국 음식이 많지 않다. 이런 이유 때문인지 영국 음식은 맛이 없다고 소문이 자자하다. 그래서 그런지 몰라도 영국에서는 오히려 영국 음식보다는 타국의 음식을 쉽게 접할 수 있다. 프랑스, 이탈리아 요리는 기본이고 터키, 아랍, 인도 음식점을 비롯해서 동양 음식점들도 다양하게 많이 있다.

그렇다면 영국식 음식은 무엇일까? 영국식 음식이라고 하면 대부분 당근, 샐러드, 삶은 감자와 함께 치킨이나 생선요리가 나온다. 북아일랜드 사람들은 감자를 많이 먹는다는 이미지가 있기도 하다. 개인적으로 볼 때 영국인들은 메인요리보다는 그 후에 먹는 푸딩(후식)에 더 열광하는 것 같았다.

그리고 초밥의 인기가 대단했다. 패션계에서 일하는 친구의 말로는 회사 사람들이 몸매 관리를 위해서 많이 먹는다고 한다. 또 테이크아웃으로 실내뿐만 아니라 실외에서 먹는 문화가 잘 발달되어 있다. 공원에 가면 점심시간에 샌드위치나 초밥 등으로 식사하는 사람들을 늘 볼 수 있다.

또한 잉글리시 브렉퍼스트 티가 있을 정도로 영국은 차를 사랑한다. 때문에 차를 마시면서 먹는 샌드위치 혹은 스콘 등도 역시 잘 발달해있다.

아침 식사는 영국식 아침이 있지만 대부분은 시리얼이나 오트밀을 먹고 점심은 간단하게 샌드위치로 해결한다. 한국식 아침과 점심은 영국인들 눈에는 매우 과하게 먹는 것처럼 보일 것이다. 저녁은

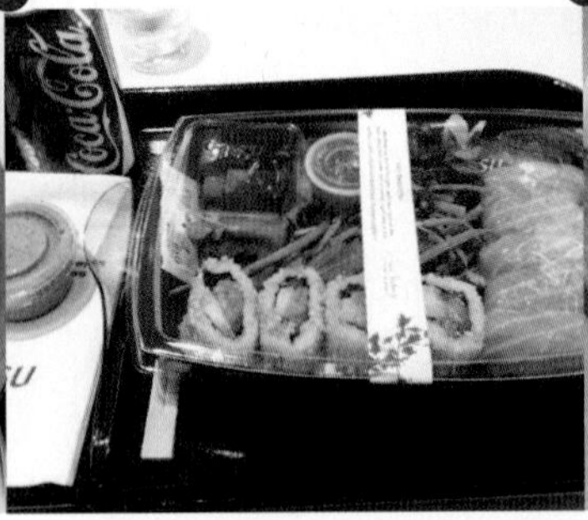

아침과 점심에 비하면 잘 차려 먹는다. 그리고 자기 전에 간단하게 빵과 차를 마시는 서퍼(Supper) 문화도 있다. 주 단위로 보면 일요일 점심이 가장 풍성하게 먹는 식사이다.

영국 음식은 문자 그대로 맛이 강하지 않아 맛이 없다는 생각이 들 수도 있지만, 그런 이유로 다양한 문화권의 음식을 경험할 수 있다는 웃픈 장점도 있는 것 같다.

흉물스럽거나 아름답거나

United Kingdom
Working Holiday

런던에는 바비칸(Barbican)이라는 문화공간이 존재한다. 영화관, 공연장, 레스토랑, 바, 도서관 등 다양한 문화 행사를 위한 복합 공간이다. 처음에 단어를 슬쩍 보고 '바티칸'이라고 했다가 주위에 나의 무지를 홍보하기도 했었다. 여하튼 바비칸의 특징은 주위에 높은 아파트들이 둘러싸고 있다는 점이다. 런던에서는 고층아파트 주거 단지를 단 한 곳에서만 볼 수 있는데, 그곳이 바로 바비칸 구역이다. 바비칸을 설계할 당시에는 최악의 건물, 흉물스러운 건축물이라는 오명을 얻었었다. 지금도 그리 아름다운 모습은 아니지만 그래도 도심 가운데에서 잘 적응해 가고 있는 것 같다.

바비칸에는 도서관이 하나 있다. 이곳에는 음악 서적과 음반을 위한 공간이 있는데, 규모가 상당하다. 그리고 업라이트 피아노 2대가 놓여 있어서 언제든지 예약을 하고 연습을 할 수 있다. 아마도 공연 복합문화 공간 안에 있다 보니 그런 걸지도 모르겠다. 피아노와 함께 청소년기를 보내온 나에게는 천국과 같은 공간이었다.

브로콜리(Broccoli)와 브로클리(Brockley)

United Kingdom
Working Holiday

런던에 온 지 6개월이 지났다. 그 말은 현재 지내고 있는 집 계약을 갱신하든지 아니면 새로운 집을 찾아 나가야 한다는 뜻이다. 현재 거주하고 있는 집은 3존에 위치한 곳으로 주당 90파운드를 내고 더블룸에서 지내고 있었다. 계약이 종료되는 4월 3일이 되자 주인아주머니가 새로운 계약서를 가지고 등장하셨다. 계약서에는 6개월 연장을 한다는 내용과 함께 방을 나가기 4주 전에 주인에게 말을 해야 하며, 이를 지키지 않을 경우 보증금을 돌려받지 못한다는 새로운 조항이 추가되어 있었다. 솔직히 6개월 더 있을 자신이 없었다. 3존에서 1존으로 가는 교통비도 만만치 않았고 잠만 자는 방인데 생각보다 너무 컸다. 그리고 주인과 함께 지낸다는 것이 생각보다 어려운 점이 많았다.

그래서 옮기기로 했다. 최대한 근무하는 매장에서 가까운 곳부터 시작해서 찾는 중에 영국사랑에서 주당 80파운드 집을 구할 수 있었다. 방은 작았지만 2존에 있었고, 침대 매트리스가 너무 좋았다. 스르르 잠들 것 같은 편안함? 그때 알았다. 기존에 사용하고 있던 스프링 매트리스가 많이 불편했다는 것을.

이사 온 지역은 브로클리(Brockley)라는 곳으로 런던의 남동쪽에 위치한 지역이다. 근처에 한국 학생들에게 유명한 골드스미스 대학교가 있는데, 교회 친구인 대만에서 온 유엔이 이곳에서 사진을 전공하고 있었다. 내가 살 곳은 학교에서 한 정거장 떨어진 곳이라서 조용한 편이었고, 공원이나 작은 카페와 레스토랑이 많아서 마음에 들었다.

새로 이사한 지역이 어디냐고 교회 분들이 물어보셔서 "브로콜리입니다"라고 했더니 브로콜리라는 곳이 어디에 있냐고 하셨다. 그래서 알려드렸더니 '브로콜리'가 아니라 '브로클리'라고 발음 교정을 해주셨다. 사실 채소 브로콜리와 같은 철자인 줄 알았는데 채소 브로콜리는 'Broccoli'였다.

그런데 영국에 산지 이제 7개월 정도 지났는데 짐은 뭐 그리 많아졌는지. 이사할 때 대중교통을 이용해서 두 번을 왔다 갔다 하니 녹초가 되었다. 정말 더 이상 이사는 하고 싶지 않다는 생각만 들었다. 가지고 왔던 캐리어 바퀴는 박살이 났으며, 추운데 땀을 하도 흘려서 그런지 감기도 걸렸다. 방에 체중계가 있어서 몸무게를 쟀더니 71.6kg이었다. 보통 77kg을 유지했는데 영국에 와서 6kg 정도 살이 빠진 것이다.

영국생활 참 쉽지 않다.

우리 지금 당장 만나

United Kingdom Working Holiday

한국어 수업 준비 때문에 한국어 교재가 필요했다. 학원에서 제공해주는 것도 있었지만 좀 더 알차게 준비하고 싶어서 SOAS에 다니는 초혜에게 책 대출을 부탁했다. SOAS는 언어학 쪽으로 특화된 런던의 명문대 중 하나이기 때문이다. 그래서 한국어 관련 자료들도 많았다. 책을 빌린 뒤에는 초혜와 같이 난도스(Nando's)에 가서 치킨도 먹고 이런저런 이야기를 나눴다. 난도스는 영국에서 가장 인기 있는 치킨집이다. 우리나라의 양념치킨 같은 스타일은 아니고 훈제를 한 듯한 치킨이다. 밥을 먹은 후 학교 근처에 영국 드라마 '셜록'의 촬영지가 있어서 구경을 가기로 했다.

대부분 셜록 홈즈가 사는 집은 221B 베이커 스트리트(Backer St.)

로 알고 있다. 하지만 영국 드라마 '셜록'의 실제 촬영지는 '187 노스 고워 스트리트(North Gower St.)'이다. 예전에 한국인 열혈팬 2명이 집을 렌트해서 지냈다고 하는데, 현재는 다시 Let이라는 안내 문구가 보이는 걸로 봐서 아무도 거주하고 있지 않는 듯했다.

한편 와사비에서 근무했던 친구들과 함께 만나서 저녁 식사를 할 기회가 있었다. 다들 나보다 늦게 들어왔음에도 다른 직장을 구해서 와사비를 떠났지만, 나는 아직도 와사비에서 근무를 하고 있었다. 프랑스에서 경제학 석사를 마치고 영국 런던으로 건너온 케빈, 스페인에서 온 안젤라. 서로 얼마 같이 일하지는 않았지만, 우리 셋은 나이가 비슷해서 그런지 금방 친해졌었다. 이 날은 케빈의 여자친구도 함께 와서 4명이 소호에서 유명한 수제버거 집에 갔다. 내가 주문한 수제버거는 '택시드라이버'였다. 수제버거는 홍대에서 먹어보고 영국에서는 처음이었는데 빵이 맛있었다. 게다가 땅콩도 무한 리필이 되는 매장이어서 견과류 마니아인 나에게는 최고의 저녁이었다.

얼마 후 이웃 블로거를 통해서 만난 폴 형님과 두 번째로 만났다. 진로 걱정과 결혼 걱정을 하는 모습을 보니 한국이나 영국이나 그 나이에 고민하는 것들은 비슷하구나 하고 느꼈다.

폴 형님과 헤어지고 얼마 뒤에는 같이 근무했던 스페인 친구 안젤라를 다시 만났다. 전날 페이스북을 통해서 주말에 같이 영화나 볼까 하고 얘기해 만나게 됐다. 우리는 피자 익스프레스(Pizza Express)에 가서 내가 좋아하는 라자냐와 피자를 주문했다. 안젤라는 나보다

한 살이 많은데 영어와 일자리 때문에 영국으로 왔다고 한다. 뉴스에서 스페인 경기가 별로 좋지 않다고는 들었지만 직접 스페인 친구들 입으로 경기가 너무 안 좋고 일자리 구하기 어렵다는 것을 들으니 더 피부로 느껴졌다.

안젤라와 이야기를 나누다 내가 좋아하는 브랜드 'ZARA'가 스페인 브랜드 아니냐고 물어보았더니 그렇게 발음하면 안 된단다. '따라'라고 발음해야 한다고 알려주었다. 이 날 우리는 같이 쇼핑몰도 구경하고 아이스크림도 먹으며 오랜만에 주말다운 시간을 보냈다.

한편 뉴욕에서 런던으로 공연연출 교환학생을 온 다나가 다시 뉴욕으로 돌아가게 되었다. 짧은 시간을 함께 했기 때문에 많은 이야기는 하지 못했지만 공연, 뮤지컬 등 공통된 관심사 때문에 가기 전에 부쩍 친해졌었다.

이렇게 영국에서 지내는 날이 많아질수록 만나게 되는 사람도 다양해지면서 만남과 이별을 겪는 일도 생겼고, 일정도 점점 많아지면서 바쁜 시간을 보내게 되었다.

시간의 시작 '그리니치 천문대'

United Kingdom
Working Holiday

대학교 3학년 때부터 쓰던 넷북이 운명하셨다. 친구들은 오래 사셨다고 했지만 그래도 정든 넷북을 떠나보내려니 뭔가 마음이 아쉬웠다. 사실 나는 물건을 잘 사고 잘 버리는 사람이었다. 하지만 영국에서 오래됨의 미학을 많이 보고 느껴서 그런지 이제는 물건을 살 때도 신중하게 사려고 하고, 한 번 사면 오랫동안 간직하고 보관하고 싶어졌다. 하지만 수명이 다한 넷북을 어떻게 고칠 방법이 없어서 일단 잠시 친구 노트북을 빌리기로 했다. 와사비에서 같이 일했던 친구로 네팔에서 온 아이였다. 그리니치(Greenwich) 지역에 살고 있었는데 우리나라 사람들이 뉴몰든 지역에 많이 거주하듯 그쪽 지역이 네팔 사람들이 많이 거주하는 동네라고 한다. 나는 노트북을 빌린 후 그 근처에 그리니치 천문대와 박물관이 있다고 해서 같이 구경하기로 했다.

그리니치 천문대는 시간의 기준이 되는 선이 있다. 우리가 보통 사용하는 시간인 GMT는 Greenwich Mean Time으로, 국가 간의 동의로 이루어진 국제적인 기준 시간이다. 계절이나 지역에 상관없이 항상 일정하며 그리니치 천문대의 측정을 기준으로 하고 있다. 따라서 이곳을 기준으로 다양한 시차가 발생하게 된다. 영국은 GMT를 대부분 사용하지만 여름 동안에는 BST(British Summer Time)를 사용한다. 위도가 높은 지역에서는 여름에 일조량이 증가하기 때문에 아침을 일찍 시작하고 저녁을 효율적으로 보내기 위해 시행한다고 한다. 실제로 영국에서는 여름의 경우 8~9시에도 오후 5~6시와 같은 밝기를 경험할 수 있다.

그리니치 천문대의 아래쪽에는 엘리자베스 1세 여왕이 지냈던 건물이 있는데, 특별한 건 없고 몇 점의 작품들이 벽에 걸려 있을 뿐이었다. 별로 볼 것도 없고 해서 그냥 그리니치 박물관 안으로 들어갔다. 입구 쪽에 보니 인공보트를 탈 수 있는 곳이 있었는데 템즈 강에서 보트를 타는 듯한 경험을 할 수 있다는 문구가 쓰여 있었다. 한 번 타 볼까 하고 이름을 적었는데 알고 보니 2파운드나 했다.

이런 영쿡.

그래도 그냥 재미로 올라탔다. 앞쪽에는 어린 여성 두 분이 있었고 어린 남자아이와 아버지, 그리고 네팔 친구와 나 이렇게 6명이 인공 보트에 올라탔다. 엉덩이가 엄청나게 아프도록 튕기면서 탔는데 나잇값 못하고 완전 신이 났다.

그리니치 박물관에는 해양과 관련된 작품과 전시가 많이 있었다. 그러던 중 발견한 지도! 그런데 동해가 Sea of Japan이라니! 이럴 수가. 하루빨리 수정되길 바란다.

박물관을 나와 근처에 열린 그리니치 시장에서 늦은 점심을 먹었다. 고기 위에 엄청나게 치즈를 많이 올린 음식이었는데 이 음식의 이름이 뭐냐고 물어보니 '이상한 영국음식'이라고 했다. 하지만 치즈를 완전히 사랑하는 내게는 매우 맛있었던 '이상한 영국 음식'이었다. 노트북을 빌리려고 왔던 그리니치에서 너무 재밌고 유익한 시간을 보내고 또 맛있는 음식을 먹을 수 있어서 참 감사한 하루였다.

Observatory

Sea of Japan

조금은 특별한 소호 탐방

United Kingdom Working Holiday

크리스와 함께 한 일대일 한국어 20시간 강의가 모두 끝이 났다. 그래서 마지막 날에 함께 한국 음식을 먹기 위해 소호에 있는 한식당을 방문했다. 자기는 소혀고기가 그렇게 맛있다면서 주문해서 먹었는데, 그 모습이 내 눈에는 그저 신기하기만 했다. 나는 오랜만에 냉면이랑 군만두를 시켜서 먹었다. 저녁을 먹은 후 크리스는 영국인답게 푸딩(Pudding)을 먹자고 했다. 영국에서는 우리가 생각하는 후식을 디저트라고 이야기하지 않고 푸딩이라고 한다. 미국에서 온 아이들도 푸딩은 젤리와 같은 디저트가 아닌지 의문을 가졌지만, 영국에서는 보통 디저트를 푸딩이라고 이야기한다.

크리스는 자기가 자주 가는 괜찮은 디저트 가게가 있다면서 호넬

로 들어갔다. 다들 알코올을 한 잔씩 하고 계셨는데 나의 학생 크리스는 알코올 알레르기가 있어서 술을 하나도 못 마신다고 했다. 그래서 크리스는 영국 차와 케이크를, 나는 내가 좋아하는 파블로바를 주문했다. 그런데 기대했던 것과 달리 그냥 머랭 위에 딸기를 올려준 것이라서 조금 실망스러웠다.

자리는 따로 테이블이 있는 것이 아니라 빈 소파와 편한 의자에 자기가 골라 앉으면 되었다. 그래서 다른 사람들과 테이블을 공유하게 되는 경우도 있었다. 처음에는 처음 보는 사람들과 테이블을 함께 쓰려니 어색했는데, 같이 대화도 자연스럽게 시작할 수 있어 조금은 개방적으로 사람들을 만날 수도 있겠다는 생각이 들었다.

소호는 멋진 레스토랑과 카페가 가득한 공간이기도 하지만 특별히 LGBT(lesbian, gay, bisexual and transgender)들이 모이는 곳이기도 하다. 화장실에서 일을 보고 나오는데 긴 머리의 건장한 형-누나 같은 분이 높은 힐을 신고 볼일을 보러 들어왔다. 괜찮다고 생각하면서도 괜히 위압감이 느껴지는 것은 피할 수 없었다.

우리
타워 브리지에서 만나

United Kingdom
Working Holiday

오늘은 청년회 모임이 있는 날이다. 청년부 리더로 아이에이샤와 마리안 그리고 내가 활동을 하고 있었는데, 청년부 리더는 주 모임 장소를 정하고 연락을 돌리는 일을 한다. 그런데 이번 주에는 둘 다 참석을 하지 못해서 내가 모임을 챙겨야 했다. 이번 주는 많은 친구들이 참석하지 못할 것 같아서 가볍게 공원에서 피크닉을 하자고 제안했다. 그런데 생각지도 못하게 많은 친구들이 왔다. 하지만 뭐 준비한 것도 없고 해서 그냥 편하게 이야기하면서 가져온 음식을 먹었다. 처음으로 타워 브리지 열리는 것도 보면서 관광객이 아닌 현지인같이 여유로운 주말을 즐겼다. 영국에 처음 왔을 때는 그렇게 외로움에 사로잡혀 있었는데 이제는 정말 많은 친구들과 이런저런 이야기를 하면서 웃고 있다니.

그런데 이곳 포터스 필즈 공원(Potters Field Park)을 지나는데 누군가 나의 이름을 크게 부르는 것이었다. 누군가 했더니 군 제대 후 한 번도 보지 못했던 동기 형님이었다. 한국도 아니고 이 머나먼 타지인 영국 런던에서 누군가를 우연히 만날 수 있다니. 세상은 정말 우리가 생각하는 것보다 더 좁은 것 같다.

회식은 언제나 브릭레인

United Kingdom
Working Holiday

앤드류는 미국 펜실베이니아에서 온 친구이다. 그는 SOAS에서 중동학 석사 과정을 마치고 이번에 미국으로 다시 돌아가게 되었다. 앤드류는 늘 전철에서도 아랍어와 러시아어를 휴대전화 애플리케이션으로 공부했었는데, 다른 친구들이 이 모습을 보고 앤드류는 미국 스파이라면서 자주 놀렸었다. 그런 앤드류의 송별파티를 위해서 브릭레인에 모였다. 영국은행에서 근무하고 있는 데이비드의 단골 가게가 이곳에 있는데, 저렴한 가격으로 많이 먹을 수 있다고 해서 오게 되었다.

데이비드의 단골 가게는 몬순(Monsoon)이라는 인도 느낌의 식당이었다. 지난번 피비 송별회도 이곳에서 했었는데 만족스러웠다. 전채요리, 메인요리, 밥, 난, 2번의 음료 리필까지 모두 합해서 10파운드였는데, 물론 일반적인 가격은 아니고 친구 데이비드가 매니저와 친분이 있었기 때문에 오면 늘 이 가격으로 먹었다.

지난번에 왔을 때 전채요리로 새우 샐러드를 시켰는데 양도 적고 맛도 별로였다. 그래서 이번에는 안전하게 탄두리 치킨을 시켜 성공했다. 크림 베이스 카레에 치즈 난까지 있어 친구들이 안 느끼하냐고 걱정했지만 너무 맛있게 먹었다. 사실 한국식 묽은 카레는 군대에서 많이 먹었기 때문에 별로 선호하지 않는데, 인도식 카레는 농도가 진하고 고소해서 자주 먹게 된다.

브릭레인에는 이런 유명 레스토랑 말고도 한국인에게 유명한 베이글 가게가 있다. 대만 친구와 앤드류도 이곳 베이글을 사랑한다. 미국 베이글이 제일 맛있다고 자부하던 앤드류였지만, 이곳 브릭레인 베이글만큼은 자신도 인정한다고 했다.

영국에서 지내는 시간이 늘어나면서 이제는 누군가를 떠나보내는 입장이 되었다. 그러면서 언젠가는 나 역시 떠나는 사람이 되겠지라고 생각하니 괜히 마음이 씁쓸해졌다.

작별 인사

United Kingdom
Working Holiday

이번에는 싱가포르에서 런던 UCL로 교환학생을 온 쇼나가 떠나게 되었다. 늘 웃음 바이러스가 끊이지 않았던 쇼나. 스코틀랜드에서 온 아이에이샤와 제인도 인턴이 끝난 후 직장을 구하기 어려워서 다시 스코틀랜드로 돌아가게 되었다. 나이는 어리지만 늘 자신이 원하는 바를 위해서 노력하는 모습에 자극을 받았던 같이 일했던 이탈리아 동생 파비오 역시 이탈리아에 원하는 일자리를 구해서 돌아가게 되었다.

나 역시 언젠가 떠나게 될 텐데, 과연 나의 마지막은 어떤 모습일까?

도시인들의 휴식공간

United Kingdom Working Holiday

열심히 일한 당신! 돈 받고 쉬어라! 매장에서 일하는 말단 직원들도 휴가는 철저하게 지키며 생활하는 곳이 런던이다. 그래서 나도 할당된 유급휴가 중에서 2일 정도 써서 월요일과 화요일 집에서 푹 쉬었다. 특별히 어디를 가려고 한 것은 아니고, 그냥 너무 일만 했던 것 같아서 정말 휴식다운 휴식을 가져보고 싶어 휴가를 냈다. 영국 직장문화의 장점 중 하나가 바로 휴가를 언제든지 내가 편할 때 사용할 수 있다는 점이다. 일반 사무직뿐만 아니라 매장에서 서빙하는 직원일지라도 휴가를 비롯한 직원 복지는 정확하게 지켜지고 있다.

나의 휴가 소식을 들은 앤디 목사님께서 월요일에 커피나 한 잔 하자고 하셨다. 그래서 월요일에 영국 브랜드 카페 코스타(Costa)에

가서 2시간 정도 이야기를 나누었다. 별다른 이야기는 아니고 그저 인생 이야기, 신앙 이야기 등 서로에게 궁금했던 점들을 물어보고 나누는 시간이었다.

그리고 다음날 집에서 계속 쉬자니 뭔가 아쉬운 마음이 들어서 계속 가보고 싶었던 하이드 파크(Hyde Park)에 다녀왔다. 빨간색 지하철 노선인 센트럴(Central)을 타고 랭커스터 게이트(Lancaster Gate)에 내리면 바로 공원이 있다. 역시나 여유로운 분위기였다. 다들 강아지와 산책을 하거나 호수에 둥둥 떠 있는 새들에게 빵을 주기도 했다. 새 중에 하나는 머리를 투블럭 스타일로 자른 것처럼 생겨서 한참을 보면서 웃었다. 또 빵을 먹기 위해서 눈에 불을 켜고 다가오는 백조들 때문에 사람들이 다들 도망가기도 했다. 백조를 동화책이나 영화에서만 접하다가 처음으로 실물로 본 것이었는데, 하필 빵에 미쳐있던 백조를 봐서 우아함은 어디 가고 광기 어린 모습만 보고 말았다.

하이드 파크를 지나면 옆쪽으로 켄싱턴 가든(Kensington Garden)이 나오는데, 그곳에 고딕양식으로 된 알버트 기념비(Albert Memorial)가 있다. 알버트 왕자는 빅토리아 여왕의 남편이다. 알버트 상의 반대편에는 런던의 클래식과 대중음악 공연의 메카인 로열 알버트 홀(Royal Albert Hall)이 자리 잡고 있다. 이곳에서는 매년 BBC 프롬스(Proms)를 비롯해서 다양한 문화행사가 개최되고 있으며, 런던의 관광명소로도 알려져 있다.

정말 힐링이 되는 시간이었다. 날씨도 쾌적하고 기온도 적당히 따뜻했으며, 조용하고 산책하기 좋았다. 공원 북쪽으로 올라가면 노팅힐 지역이 나오는데 대부분 주택가가 밀집해 있어 영국 특유의 건축양식들을 많이 보고 즐길 수 있었다.

간만에 공원에 가서 산책을 하면서 도심 곳곳에 이런 크고 작은 공원이 있다는 것이 도시인들의 삶에 얼마나 큰 위로와 휴식을 줄 수 있는지 알게 되었다. 하지만 이런 공간이 있어도 그것을 향유할 여유가 우리에게 있을까 하는 의문도 함께 들었다.

CHAPTER. 05

이해하기

한 여름날의 미친 도보여행

United Kingdom
Working Holiday

뭔가 매너리즘에 빠진 것 같아서 목요일 저녁에 급작스레 브라이튼(Brighton)으로 떠나는 기차를 예매했다. 지난번 사우스레일(Southrail) 사이트에서 10% 할인 메일을 받았던 것이 있어서 편도 6.75파운드에 예매할 수 있었다. 브라이튼으로 가는 데 딱히 이유가 있던 건 아니었고 그냥 바다가 보고 싶어서였다. 금요일에는 가서 먹을 샌드위치 재료를 샀는데 무려 기차표 값만큼의 금액이 나왔다.

토요일 아침 5시에 일어나 샌드위치를 만든 뒤 1시간 걸려서 브라이튼에 도착했다. 역에서 나와 쭉 직진하니 바다가 바로 보였다. 아침 9시 정도였기 때문에 사람들은 거의 없었다. 바닥이 자갈이라서 걷는 것이 조금 불편했지만, 오랜만에 바다를 봐서 그런지 기분은 매우 좋았다. 자갈에 부딪히는 파도소리, 갈매기의 울음소리도 평화롭게 느껴지는 아침이었다.

브라이튼은 작은 해안 도시이기 때문에 수영 외에는 볼거리가 한정되어 있다. 하지만 버스를 타고 조금만 나가면 영화 촬영지로 유명한 세븐 시스터즈(Seven Sisters)라는 하얀 절벽이 나온다. 바다도 봤으니 슬슬 자리에서 일어나서 세븐 시스터즈로 가는 버스를 찾았다. 처칠 광장에서 출발하는 12 또는 12A를 타도 되지만, 바다를 보고 브라이튼 피어(Pier) 맞은편에 있는 정류장에서 버스를 타도 된다.

그런데 이 브라이튼 피어 맞은편에 있는 정류장이 나의 미친 도보여행을 시작하게 만든 정류장이 되었다. 정류장 의자에 앉아서 기다리다가 물이 좀 필요할 것 같아서 근처 가게에 가서 음료수를 사왔는데, 그 사이에 첫 번째 버스를 놓치고 말았다. 얼마 후 다음 버스가 와서 온라인으로 예매해 둔 버스 티켓을 보여주었더니 이 티켓은 사용할 수 없는 티켓이라고 했다. 3파운드 주고 구매한 티켓이 사용할 수 없게 되다니……. 그렇게 두 번째 버스를 보냈다. 억울한 마음을 누르고 무제한 버스 티켓을 4.5파운드 주고 다시 구매했다. 기다렸다가 세 번째 버스를 타려는데 할아버지, 할머니들이 너무 많았다. 그래서 다음 버스에 앉아서 가려고 그냥 보냈다. 사실 이 지역은 노년층들의 노후생활 지역으로 매우 유명한 곳이었다. 그래서인지 정말 할아버지, 할머니들이 많았다. 이제 드디어 네 번째 버스를 타려고 하는데 청소년들로 보이는 무리가 정말 끝없이 다가왔다. 버스는 할머니 두 분만 태우고는 더는 태울 수 없다며 떠났다. 다섯 번째 버스는 이미 만원이었는지 그냥 지나쳐 갔다.

런던으로 돌아가는 기차가 저녁 8시 50분이었고, 이때가 오전 10시 40분 정도였다. 시간은 충분했다. 그러나 버스만 기다리면서 하루를 보내고 싶지 않아서 해안가를 따라 천천히 걸어서 가기로 했다. 사실 이때까지는 그렇게 힘든 여행이 될 것이라곤 생각하지 못했다. 날씨는 바닷바람이 불어 선선했고, 조용한 해안가를 따라 걷는 것이 나름 운치가 있었다.

그렇게

나의 미친 도보여행이 시작되었다.

시내를 벗어나니 한적한 바다 마을들이 나타났다. 해안가를 따라 도보 여행객들을 위한 길이 나 있었다. 천천히 걷다 보니 버스를 탔

다면 보지 못했을 마을의 이런 저런 모습들이 신기하고 재미있었다. 바다와 마을이 한눈에 보이는 언덕에서 새벽부터 만든 샌드위치를 먹었다. 이런 풍경들을 보니 버스를 타지 않고 걸어오길 잘했다는 생각이 들었다. 사실 이때까지는 힘이 넘쳐났다.

언덕을 넘으니 또 다른 마을이 나타났다. 관광객보다는 현지 주민들이 여름 햇볕을 즐기기 위해 나와 있었다. 굳이 세븐 시스터즈까지 가지 않더라도 어느 곳에서나 석회암 절벽을 볼 수 있는 듯했다.

피스 헤이븐(Peace haven)이라는 마을부터는 조깅을 하거나 자전거를 타는 사람들이 사라졌다. 해안가를 따라 나 있던 길들도 사라졌다. 버스를 탈까도 했지만 좀 더 걷기로 했다. 그런데 지붕들이 주황빛을 띠고 있어서 색이 원래 그런 줄 알았는데 모두 이끼였다. 해안가 마을이다 보니 조금 습한 듯했다. 이후 뉴 헤이븐(New haven)이라는 마을부터는 습하기도 하고 지쳐서 정말 천국으로 가는 줄 알았다. 갑자기 속은 메스꺼워지고 선크림을 바르지 않아서 그런지

등, 팔, 목 등 햇빛에 노출된 곳들이 가렵기 시작했다. 그렇게 걸어가다 보니 멀리 붉은 언덕이 보였다. 언덕 전체가 붉게 보여서 왜 그런지 이유가 궁금해졌다. 지나가는 할아버지 한 분이 계셔서 여쭤보려고 하니 계속 걸어가셔서 같이 걸어가면서 저 언덕에 대해서 여쭤보았다. 그랬더니 '양귀비(Poppy)'라고 하셨다. 그랬다. 양귀비꽃들로 뒤덮인 언덕이었다. 영국 사람들은 양귀비꽃을 참 좋아하는구나 싶었다. 그런데 가는 도중에 길가에서도 양귀비꽃을 볼 수 있었다. 혹시 이 지역이 양귀비꽃 생산지인가 하는 물음도 들었다.

사실 처음 계획은 이스트본까지 걸어가는 것이었다. 하지만 표지판을 보니 왔던 거리만큼 더 걸어가야 해서 세븐 시스터즈까지만 걸어가기로 했다. 버스를 정말 타고 싶었지만 이미 걸어온 거리가 있었던 터라 조금 더 힘을 내기로 했다. 이곳까지 걸어온 덕분에 다양한 마을도 구경했고, 볼거리도 많이 있었다.

하지만 뉴 헤이븐부터 씨 포드(Seaford)까지 가는 길은 정말 엄청

났다. 중간에 큰 공원이 있었는데 그늘 하나 없이 말 그대로 뙤약볕 아래였다. 정말 겨우겨우 공원을 지난 후 간이역이 보여서 물을 사고 싶어서 들어왔더니 웬걸 아무도 없었다. 사람 하나 보이지 않고 가게도 전혀 없었다. 이 마을 사람들은 도대체 식료품을 어떻게 사나 싶었다. 목이 말랐지만 좀 더 걸어야 했다. 언덕을 하나 더 넘으니 이제야 번화가가 좀 나타났다. 물을 사면서 직원과 이야기를 나눌 수 있었는데, 브라이튼부터 걸어서 왔다고 하니까 엄청 놀란 눈으로 나를 바라보았다. 그런데 동네 사람들과 이야기를 나누다 보니 서식스(Sussex) 억양이 들렸다. 런던과는 확연히 구분되는 무언가 더 굴림이 있는 말투였다.

물 두 병을 마신 후 다시 걸었다. 물을 마시니 한결 걸음이 가벼워졌다. 그런데 도로가 사라졌다. 정확하게 말하면 차도만 남고 보행자 도로가 사라졌다. 거의 다 도착한 것 같은데 여기서 돌아가야 하나 싶어 뭔가 허무했다. 어떻게 해야 하나 고민하고 있을 때 옆 샛길

쪽에서 누군가 걸어 나왔다. 세븐 시스터즈에 가려면 어떻게 해야 하는지 물어보니 이 샛길을 따라 언덕을 쭉 올라가면 나온다고 알려 주었다. 알려준 길을 따라 걸어가니 정말 긴 언덕길이 나타났다. 그런데 사람은 보이지 않고 양들과 소만 나를 반기고 있었다.

언덕을 오르자 씨 포드 헤드(Seaford Head)라는 표지판이 나왔다. 솔직히 이 표지판을 본 순간 세븐 시스터즈는 못 보겠구나 싶었다. 사람들은 보이지 않고 초원만 보여서 다른 곳에 온 줄 알았다. 더 이상 세븐 시스터즈를 찾아갈 힘이 없었다.

바닷가가 보이는 길로 내려가니 하얀 절벽이 보였다. 오면서 비슷한 절벽을 너무 많이 보았기 때문에 그런 절벽들 중 하나라고 생각했다. 그리고 절벽 쪽으로 가기 위해서는 개울을 하나 건너야 했다. 그래도 사람들이 많이 있기에 일단 건너가기로 했다. 양말을 벗고 물에 발을 담갔다. 시원하긴 했지만 모래가 아닌 자갈이라서 발이 엄청나게 아팠다. 강을 건넌 후 안내판을 보았다.

이럴 수가.

이곳이 세븐 시스터즈였다.

세븐 시스터즈에는 바람으로 인해 모양이 변한 나무가 있는데, 개울이 있어서 이곳이 아닌 줄 알았다. 정말 여기 오기까지 산 넘고 물 건너서야 도착할 수 있었다. 출발했을 때가 10시 40분 정도였는데, 도착했을 때가 거의 5시였다. 6시간 동안 땡볕 아래를 걸어 도착한 것이다. 언덕을 올라가 볼까도 했지만 거의 실신상태였기 때문에 바로 버스 타는 곳으로 향했다. 다행히 정류장에 도착해서 몇 분 지나지 않아 버스가 왔다. 무제한으로 탑승 가능한 버스표는 결국 편도로 한 번 사용하는 것에 만족해야 했다.

브라이튼 시내에 도착하니 6시 정도 되었다. 스타벅스에 가서 몸의 열기도 식히고 휴대전화도 충전했다. 집에 돌아가는 차는 거의 9시 차였기 때문에 시내 구경을 좀 하기로 했다. 오전과 달리 정말 많은 사람들이 시내를 가득 채우고 있었다. 그런데 시내에서 쉬면서 보니 온몸이 화상으로 가려웠고 붉게 변해 있었다. 계산해 보니 20마일, 약 32km에 해당하는 거리를 걸었던 것이었다. 의도치 않게 시작된 나의 미친 도보여행은 심각한 화상만을 남긴 채 마무리되었다.

동화 속 마을 바스 여행기

United Kingdom
Working Holiday

브라이튼에 이은 두 번째 영국 여행은 바스(Bath)였다. 특별한 이유가 있었던 것은 아니고, 원래 동화 속 마을 코츠월드에 다녀오려고 했으나 차편이 마땅치 않았던 반면 바스는 바로 가는 버스가 있어서 당일치기로 다녀오기로 했다. 이 날 비가 온다는 예보가 있었지만 지난 브라이튼 여행에서 호되게 화상을 입었기 때문에 이번에는 시원한 여행이 나쁘지 않겠다 싶었다.

바스까지 가는 데는 코치(Coach)버스를 이용했다. 코치버스는 처음 이용해 보았는데, 생각보다 어렵지 않았다. 그래도 처음 이용하는 것이다 보니 다른 사람들이 어떻게 타는지 계속해서 관찰했다. 바스는 런던에서 대략 2시간 정도 걸렸던 것 같다.

바스에 들어가기 전에 언덕에서 바스 시가지 전체를 바라볼 수 있는데, 정말 동화 속에 온 듯한 인상을 받았다. 도시 전체가 동일한 건축 양식을 사용하고 있고 사이사이에 녹지가 풍부해서 거대한 저택을 구경하는 느낌도 있었다.

나는 바스에서 무엇보다도 초승달 모양의 로열 크레센트(Royal Crescent)를 보고 싶었다. 그런데 예상과는 달리 생각보다 크기가 작아서 실망했다. 정확하게 말하자면 도시 전체가 작았다. 도로와 건물들도 작고 오밀조밀 모여 있었다.

바스에 오면 로만 바스(Roman Bath) 박물관을 꼭 가야 하지만, 왠지 관광코스보다는 남들이 잘 다니지 않는 지역을 구경하고 싶었다. 그래서 일 박물관이라는 곳도 가고 바스 대학교도 방문했다. 일 박물관에서는 진저 비어(Ginger Beer) 만드는 법을 보고 왔다. 그러던 중 배가 고파서 근처 식당을 찾다가 프랑스 레스토랑이 있어서 들어가 점심 식사를 했다. 메뉴를 잘 몰라서 직원분께 추천을 부탁했더니 민들레 꽃과 새싹 등으로 만들어진 쁘띠 프랑스 요리를 가져오셨다. 대부분 채식으로, 프랑스 건강식인 듯했다. 그리고 영국에서는 늘 음료 주문을 먼저 받는데 일 박물관에서 진저 비어 만드는 법을 보고 와서 그런지 진저 비어가 마시고 싶어 주문했다. 비어(Beer)라는 단어가 들어가지만 알코올은 아니고 그냥 생강 맛이 나는 음료수이다.

바스 시내에는 에이번(Avon)이라는 강이 흐르고 있다. 이곳에서 영화 레미제라블의 자베르가 마지막에 자살하는 장면이 촬영되었다. 또 바스에 가면 꼭 먹어봐야 한다는 샐리 런즈 번(Sally Lunn's Burn)이라는 빵집이 있다. 원래 계획은 점심 식사를 이곳에서 하려고 했으나 줄이 너무 길어서 오후에 다시 찾아가서 빵만 구매했다. 특별히 맛있다는 건 못 느꼈지만 일요일 교회 점심 때 친구들도 맛보게 해주려고 몇 상자 구매했다. 그런데 갑자기 비가 내리기 시작해 비를 피하기 위해 성당(Abbey)에 들어갔다. 성가대가 연습 중이었는데 나도 모르게 음악에 푹 빠져들었다.

돌아가는 길에 바스에서 유명하다는 크림 티(Cream Tea)를 마시기로 했다. 나는 차 위에 크림을 올려주는 건가 했는데 그냥 크림과 스콘을 함께 먹어서 크림 티라고 부르는 것이었다. 그렇게 크림이 올려진 스콘과 차를 마시면서 런던으로 돌아왔다.

뉴턴과 케임브리지

United Kingdom
Working Holiday

와사비를 그만두고 백수 생활이 시작되었다. 집에만 있다 보니 바깥 공기를 마시고 싶어서 근처로 여행을 가기로 했다. 나는 무작정 리버풀 스트리트역으로 가서 요즘 빠져있는 드라마 디 온리 웨이 이즈 에식스(The Only Way Is Essex)의 배경인 에식스로 갈까 아니면 케임브리지(Cambridge)로 갈까 고민했다. 결국 바로 가는 기차가 있는 케임브리지에 가기로 했다. 사실 영국에서는 무엇이든지 미리 예매해야 저렴하다. 당일로 티켓을 구매할 경우 정말 비싸다. 미리 예매했다면 10파운드 내외로도 다녀올 수 있는 곳이었지만 즉흥적인 여행이고 바로 그날 떠나는 것이라서 왕복 23파운드를 줬다. 그렇게 기차를 타고 1시간 반 정도 달려 케임브리지에 도착했다.

요즘 영국 근교를 다니면 중고 가게를 꼭 들르게 된다. 가격도 저렴하고, 영국 사람들이 사용하던 물건이라 그들에게는 평범해도 나에게는 이국적인 물건들이 많기 때문에 구경하는 재미가 쏠쏠하다. 이곳 근처 중고 가게도 역시 둘러 보았는데, 대학가라서 그런지 서점들이 참 많았다. 여기에서는 유명한 전공서적들을 중고로 싸게 판매하고 있었다.

나는 대학원에 계속 가고 싶었던 터라 대학가를 구경하면서 자극을 받고자 했다. 케임브리지에는 뉴턴이 못 하나 사용하지 않고 수학적 계산으로 만든 뉴턴의 다리가 있다. 과학 교과서에서만 보던 뉴턴이 직접 설계한 다리라니, 뭔가 기분이 묘했다.

케임브리지에 다녀와서 그런지 돌아오는 기차에서 공부가 정말 하고 싶다는 생각이 들었다. 영국의 엄청난 학비를 감당하기 위해서는 장학금을 받고 학교에 다녀야 하는데, 쉽지 않은 일이다. 대학원은 내게 그저 이룰 수 없는 꿈 중의 하나일까?

런던의 시장은 두 명

United Kingdom Working Holiday

영국의 런던 안에는 또 다른 런던이 존재한다. 더 시티 오브 런던(The city of London)이라는 지역이다. 역사적으로는 이 지역이 가장 초기의 런던 지역이다. 도시가 커지면서 이 지역을 더 시티 오브 런던으로 지칭하고, 나머지를 더 그레이트 런던(The Great London)으로 부르고 있다. 흥미로운 점은 이곳을 관리하는 시장이 있고, 더 그레이트 런던을 관리하는 시장이 따로 있다는 점이다. 상대적으로 넓은 지역을 관리하는 더 그레이트 런던의 시장 취임식이 더 중요할 것 같지만, 실제로는 더 시티 오브 런던의 시장 취임식이 더 중요하다. 그 이유는 아마도 역사적 전통성을 중요시하는 영국의 문화 때문인 것 같다. 이 행사는 16세기부터 지금까지 매년 11월 둘째 주에 열리고 있다.

사실 이 행사를 보려고 했던 것은 아니었다. CV 수정을 좀 하려고 세인트 폴(St. Paul) 근처에서 카페를 찾고 있었는데, 사람들이 너무 많이 몰려 있어서 경찰에게 무슨 일이냐고 물어 보았다. 그랬더니 시장 취임식(Lord Mayor's Show) 퍼레이드가 이제 곧 시작될 것이라고 이야기해 주었다.

퍼레이드는 다양한 기관에서 참여했다. 크고 작은 자선단체들도 보였고 영국 군대를 홍보하기 위해 나온 군인들의 행진도 있었다. 인상에 가장 깊게 남았던 것은 당시 싸이의 '강남 스타일'이 전 세계적으로 큰 인기를 끌고 있었는데, 영국 런던의 길거리에서 싸이의 노래가 엄청 크게 울려 퍼진 것이었다. 노래가 나오니 다들 음악에 맞춰 춤을 췄다. 이 머나먼 이국땅에 한국 노래가 울려 퍼지고 한국말을 듣고 있으니 뭔가 기분이 이상했다.

전통적으로 새로 부임하는 시장은 '황금 마차'를 타고 등장한다. 그런데 마지막에 시장이 등장해야 하는 시각이 되었음에도 감감무소식이었다. 알고 보니 황금마차 바퀴가 고장이 나서 못 오고 있었다. 그래서 임시로 자동차를 타고 등장하면서 행사는 마무리되었다.

영국인 모두가 함께하는 현충일 (Remembrance Day)

United Kingdom Working Holiday

11월 11일은 우리나라에서 빼빼로 데이지만, 영국을 비롯한 많은 국가에서는 제1차 세계대전 참전용사들을 기리는 날이다. '포피 데이(Poppy Day)'라고도 불리는데 그 이유는 양귀비(Poppy)를 모두 가슴에 달고 이 날을 기념하기 때문이다. 사실 처음에는 이 날에 대해 알지 못해서 매장에 오는 손님들이 가슴에 다 양귀비꽃을 달고 오는 이유를 궁금해 했었다.

왜 이 날 양귀비꽃을 달게 되었을까? 캐나다 친구가 알려주길 어느 시에서 비롯되었다고 한다. 그것은 '인 플랜더스 필즈(In Flanders Fields)'라는 시로, 캐나다 군의관 존 맥크래(John McCra)가 제1차 세계대전 중에 친한 동료를 잃고 양귀비꽃이 흩날리는 플랜더스 들판을 바라보며 썼다고 한다. 시의 내용은 이렇다.

플랜더스 들판에 양귀비꽃 피었네
줄줄이 서 있는 십자가들 사이에
그 십자가는 우리가 누운 곳 알려주기 위함이네
그리고 하늘에는 종달새 힘차게 노래하며 날아오르건만
저 밑에 요란한 총소리 있어 그 노래 잘 들리지는 않네

우리는 이제 유명을 달리한 자들
며칠 전만 해도 살아서 새벽을 느꼈고 석양을 바라보았네
사랑하기도 하고 받기도 하였건만
지금 우리는 플랜더스 들판에 이렇게 누워있다네

원수들과 우리들의 싸움 포기하려는데
힘이 빠져나가는 내 손으로 그대 향해 던지는 이 횃불
그대 붙잡고 높이 들게나
우리와의 신의를 그대 저버린다면
우리는 영영 잠들지 못하리
비록 플랜더스 들판에 양귀비꽃 자란다 하여도

한국사람 되도록 만나지 마세요

United Kingdom Working Holiday

영국 YMS(Youth Mobility Scheme)로 이 땅에 건너 왔지만, 처음 시행되었기 때문에 관련 정보가 정말 없었다. 그래서 대사관에서도 이를 인지하고 영국 노동법과 관련된 설명회를 열고 질의응답 시간을 마련해주었다. 내가 이때 가장 궁금했던 점은 대학원 진학에 관한 내용이었다. YMS 비자로 대학원 진학이 가능한지와 장학금 신청은 가능한지 궁금했다.

교육을 담당하셨던 변호사님의 답변은 대학원 진학은 가능하지만 학교마다 학생 비자를 원하는 곳도 있기 때문에 학교 입학 담당자에게 문의를 해야 한다는 것이었다. 그리고 장학금 신청도 가능하지만 정부 보조금은 신청이 어렵다고 말씀해 주셨다. 그 외에 세금 납부에 대해 귀국할 때 환급 신청이 가능하다고 말씀하신 내용이 가장 기억에 남았다.

그리고 이번 설명회는 같은 시기에 도착한 한국 청년들과 만나서 이야기 나눌 수 있는 좋은 시간이었다. 낯선 타국에서 생전 처음 보는 사람들이었지만 한국인이라는 끈이 참 따뜻하고 반갑게 느껴졌다. 하지만 거기까지다. 영국은 한국인들과 같이 모여 공부하고 친목을 도모하고자 온 곳이 아니었다. 나는 최대한 한국인과의 만남은 피하고 다양한 인종의 친구들을 만나고 교제하고 싶었다. 대사관 모임을 마치고 나오면서 그 마음은 더욱 확고해졌다.

집으로 가는 길에 웨스트민스터 사원(Westminster Abbey) 건물이 보였다. 윌리엄 왕세손과 케이트 왕세손비의 결혼식이 열린 곳으로,

다양한 왕실 행사가 열리는 고딕 양식의 성공회 성당이다. 방송에서 웨스트민스터 사원 다큐멘터리가 방영되어 관심 있게 보고 있던 터라 잠시 외관만 구경하기로 했다. 늦은 시간이었지만 아직 기프트샵(Gift shop)은 문을 열고 있었기 때문에 기념품들을 구경했다. 그때 사람들이 나오는 문이 보이기에 그쪽으로 들어갔는데, 알고 보니 성당 내부를 구경하고 밖으로 나오는 문이었다. 나는 그것도 모른 채 성당 반대쪽으로 티켓 없이 들어가게 되었다. 짧은 시간이었지만 성당 내부와 정원 일부분을 구경할 수 있었다. 더 보려고 했지만 안내하는 분이 티켓을 소지하고 있는지 물어보셔서 나는 기념품 가게를 통해서 잘못 들어왔다고 말씀 드린 뒤에 바로 나왔다.

사원을 나오면 강변을 따라서 웨스트민스터 궁전(The palace Westminster)이 보인다. 북쪽에는 영국의 대표적 상징물인 빅벤도 보인다. 공식적인 시계탑의 명칭은 엘리자베스 타워이다. 웨스트민스터 궁전은 국회의사당으로 사용되는데, 특이한 점은 우리나라와 달리 집권당과 상대정당이 서로 마주 보고 앉는다.

빅벤을 뒤로 하고 팔리아멘트 거리를 따라 올라가게 되면 다양한 정치적 건물과 장소들을 만나게 된다. 특별히 영국 수상 데이비드 캐머런(David Cameron)이 집무하고 있는 다우닝가 10번지(10 Downing St.)를 볼 수 있다. 우리나라의 청와대 같은 역할을 하는 곳이다. 이러한 건물들을 바라보며 현대 의회민주주의의 근간이 된 영국의 정치와 우리나라의 정치 사이에서 참 많은 고민과 생각을 하게 되었다.

영국 하면 떠오르는 세 가지

United Kingdom Working Holiday

친구들이 가끔 넌 축구도 별로 안 좋아하고 맥주도 안 마시는데 영국에서 뭐하고 노냐고 물어보는 경우가 종종 있다. 축구도 안 하고 펍에 가서 맥주도 마시지 않지만, 영국에서 내가 누릴 수 있는 가장 큰 혜택은 클래식 공연이다. 중고등학교 시절 클래식 피아노를 전공했기 때문에 다른 친구들보다는 클래식 쪽에 관심이 많은 편이다. 한국에서는 클래식 음악이라고 하면 돈 있고 교양 있는 척하는 듯한 부정적인 이미지가 어느 정도 있는데, 영국에서는 클래식 음악이 매우 대중화 되어 있다. 사실 지난번 이삿짐 정리를 도와줬었던 리아가 자신은 클래식 공연 당일에 영국에 없고 네덜란드에 가니, 클래식 좋아하는 내가 가라며 티켓을 주었었다. 그래서 퇴근하고 로열 페스티벌 홀(Royal Festival

Hall)로 향했다. 런던에 클래식 공연으로 유명한 장소가 몇 곳이 있는데 지난번에 소개한 로열 알버트 홀(Royal Albert Hall), 바비칸(Barbican) 그리고 이곳 로열 페스티벌 홀이다. 퇴근하고 공연장으로 가려고 하는데 매장 한국인 매니저님께서 자기도 그 근처에 사니까 가는 길에 커피 한 잔 사주시겠다고 해서 같이 퇴근했다. 공연장으로 가는 길에 와인으로 유명한 가게를 보시고는 가게 소개도 해주실 겸 해서 로제 와인 한 잔을 사주셨다. 우리는 서로 와인 잔을 들고 공연장으로 걸어가면서 그리고 공연장에 도착해서도 이야기를 나누었다. 매니저님은 22살 때 호주로 처음 건너가 공부를 하고 영국으로 와서 여러 직장에서 일하면서 겪은 에피소드들을 말씀해주셨다. 홍해 바다에 가서 스킨스쿠버 다이빙도 해보셨다고 했을 때는 정말 멋지다고 느껴졌다.

이곳 로열 페스티벌 홀은 워털루역에서 와도 되지만 임뱅크먼트(Embankment)역에서 내려 다리를 건너오는 것이 더 가깝고 아름다운 것 같다. 매니저님과 짧은 대화를 마치고 5층 좌석으로 올라갔다. 놀란 것은 공연장을 가득 메운 사람들의 수였다. 한국에서 피아노 리사이틀을 가보면 아무리 유명한 피아니스트라 하더라도 자리가 조금 남는 경우가 있는데, 이곳에서는 정말 큰 리사이트홀을

꽉 채운 모습을 볼 수 있었다.

이번 공연은 클래식 피아노 솔로 공연이었다. 연주자는 피아니스트 미츠코 우치다(Mitsuko Uchida) 씨로, 슈베르트 스페셜리스트로 알려져 있다. 이번 공연에는 슈베르트의 곡은 없었지만 바흐, 쇤베르크, 슈만의 곡으로 구성되었다. 사실 원래는 1월에 공연을 열기로 했는데 당시 몸이 좋지 않아서 공연을 취소하고 이번에 공연을 다시 열게 된 것이라고 했다. 일본인 피아니스트라 그런지 관객의 대부분이 일본인이었다. 나도 일본인으로 보려나 하는 찰나에 공연이 시작되었다. 다른 곡들은 잘 모르는 곡들이었지만 슈만 소나타 2번은 내게도 익숙한 곡이었다. 고등학교 때와 대학교 때 입시와 시험을 위해서 연습했던 곡이었다. 이 곡은 첫 시작 부분에서 왼손 테크닉이 상당히 요구되는 곡이고 강약의 전환도 갑작스럽고 많은 편이라서 어려운 곡에 속한다. 미츠코 우치다 씨는 낭만파 음악에 강한 피아니스트라는 평가를 받고 있는데 역시 그 명성을 얻을 만했다.

축구와 펍에 가지 않으면 영국에서 할 일이 없다고? 영국은 클래식 공연의 천국이다. 클래식 음악을 좋아하는 내게는 천국 같은 영국 생활이었다.

페인트 묻은 청년과 함께하는 야외음악회

United Kingdom
Working Holiday

감기 때문에 골골거리고 있을 때 나의 영국 엄마와 이모인 마가렛과 로라가 트라팔가(Trafalgar) 광장에서 클래식 공연이 있다며 같이 가자고 하셨다. 매년 하는 행사인데 작년에는 천 명이 넘게 모였기 때문에 일찍 가야 한다고 했다. 그래서 6시 반 공연이었는데 4시 정도에 만났다. 트라팔가 광장은 영국 국립미술관 앞 광장을 말하는데, 한국 문화원도 가까이에 있다. 광장에 도착하니 리허설 준비를 하고 있었고 이미 꽤 많은 사람이 모여 있었다. 우리는 M&S에 가서 샌드위치, 감자칩, 쿠키, 물, 로제(Rosé)와인 등을 사서 자리를 잡았다. 정말 많은 사람이 연주회를 듣기 위해 모여 있었다. 휴일이기도 했지만, 한국에서 야외 클래식 공연을 하면 이렇게 많은 사람이 모일 수 있을까 하는 생각이 들었다. 그런데 야외 공연이라 햇빛이 강했기 때문에 연주자들이 선글라스를 끼고 연주를 한 점이 특이했다.

공연 시작 전 우리 앞에 페인트가 잔뜩 묻은 작업복을 입은 청년이 앉았다. 한 손에는 펍에서 사온 듯한 맥주와 샌드위치를 들고 있었다. 휴일이지만 작업이 있었던 것 같다. 사실은 조금 놀랐다. 힘든 노동을 마치고 맥주를 마시며 듣는 야외 클래식 공연. 나에게는 클래식 음악이 아직도 격식을 차리고 들어야 하는 어려운 음악으로 생각되고 있었던 것 같다. 그래서 이들의 삶의 여유와 클래식 음악에 대한 사랑이 아직은 낯설고 흥미롭게 느껴졌다.

당신이 잠든 사이에

United Kingdom
Working Holiday

대만 친구가 바비칸(Barbican)에서 요요마 공연이 있다고 해서 함께 다녀왔다. 요요마는 클래식 음악계에서 첼리스트로 매우 유명한 사람이다. 피아노 외에 다른 악기를 연주한다면 늘 첼로를 연주하고 싶었다. 첼로의 깊고 굵은 음색을 늘 좋아했기 때문에 많은 기대를 하고 공연을 감상했다. 하지만 고된 근무를 마치고 온 터라 너무 피곤해서 그만 연주 도중에 잠들고 말았다. 정말 공연이 자장가처럼 들렸다.

생각보다 외국인 노동자로 사는 것이 고단했던 것 같다. 늘 서 있고 무거운 짐을 들고 돌아다니며 부족한 영어 실력으로 영국인 고객들을 상대하는 것이 생각보다 쉽지는 않다. 그래서 많은 워홀러가 큰 꿈을 안고 영국에 왔다가 서비스업에서 일하면서 깊은 회의감을 느끼고 돌아가는 것 같다. 한번은 어떤 고객이 서비스를 제대로 받지 못하자 "Am I INVISIBLE?"이라며 화를 내는 것을 목격한 적이 있다. 어느 곳을 가도 고객을 상대하는 일은 어려운 것 같다.

여하튼 값비싼 라이브 자장가를 들으며 그렇게 요요마의 공연이 끝났다. 아쉬웠다.

거대한 여름 음악 축제 'BBC 프롬스(Proms)'

United Kingdom
Working Holiday

영국에서 학수고대하던 영국 최고의 음악 축제 BBC 프롬스(Proms) 티켓이 영국 어머니 마가렛에게 생겨서 같이 다녀왔다. 장소는 최고의 뮤지션들이 공연을 하는 로열 알버트 홀이었다. 이 홀은 영국에 도착해서 처음 묵었던 호스텔이 있는 사우스 켄싱턴(South Kensington)에 있다. BBC 프롬스는 역사 깊은 영국 최고의 클래식 공연이다. 그러나 클래식 뿐만 아니라 다양한 장르의 공연도 열린다. BBC 프롬스는 인기가 높아 티켓을 구하기가 정말 어렵다. 알버트 홀 중앙은 원형으로 서서 관람하는데 25파운드 정도 한다. 가장 높은 층 역시 서서 관람하는데 5파운드로 저렴해 티켓을 미리 구하지 못한 사람들이 많이 구매한다. 나는 2시간 넘게 서서 클래식 공연을 관람하는 사람들이 참 신기했다. 공연은 녹화가 이루어지기 때문에 방송을 통해서도 시청이 가능하다.

이 날 공연은 일본 피아니스트 노부유키 쓰지이(Nobuyuki Tsujii)의 데뷔 무대였다. 사실 등장하기 전까지 그에 대해 전혀 알지 못했다. 이 피아니스트는 태어날 때부터 시각장애인이었다고 한다. 그러나 그는 많은 사람이 사랑하는 라흐마니노프 피아노 협주곡 2번을 시작 전 오른손으로 건반의 위치와 크기를 재고 소리에만 의지해서 오케스트라와 함께 완벽하게 연주했다. 뛰어난 기술과 소리의 질감을 떠나서 저 정도 연주하기까지 얼마나 많은 연습을 했을까 하는 경외감이 들었다. 연주가 모두 끝난 후 그는 손을 떨면서 펑펑 울었다. 수많은 클래식 공연을 다녀보았지만, 기립박수를 친 것은 이번 공연이 처음이었다.

몇 주가 지난 후 대만 친구 유엔과 함께 두 번째 프롬스 공연을 관람했다. 이번에는 라흐마니노프 피아노 협주곡 3번이었다. 합창단(Choir) 좌석에 앉았는데 무대 뒤에 있는 좌석이라서 소리가 한층 차단되어 들리는 단점이 있지만, 대신 티켓 가격이 저렴하다.

중간에 인터미션(Intermission) 시간에는 영국의 대표 여름 음료인 핌스(Pimm's)를 많이 마신다. 여름에 영국을 오게 된다면 핌스를 마시며 BBC 프롬스에 참석해 영국의 여름을 느껴 보았으면 한다.

TIP-BOX

런던의 콘서트홀

Royal Albert Hall(www.royalalberthall.com)

Kensington Gore, London SW7 2AP / +44 20 7589 8212

사우스 켄싱턴(South Kensington) 북쪽에 위한 로얄 알버트 홀은 빅토리아 여왕의 남편인 알버트 공의 이름을 사용하고 있다. 영국의 가장 큰 여름 음악 축제인 BBC 프롬스(Proms)의 메인 홀로 유명한 공간이다. 사우스 켄싱턴역에서 하차하면 되며, 하이드 파크(Hyde Park) 맞은편에 있다.

Barbican(www.barbican.org.uk)

Silk Street, London EC2Y 8DS / +44 20 7638 4141

바비칸(Barbican)은 유럽에서 가장 큰 종합예술공간이다. 공연, 전시뿐만 아니라 영화, 무용 등 다양한 프로그램들이 연중 진행 중이며, 런던에서 가장 큰 음악 도서관도 보유하고 있다.

Royal Festival Hall(www.southbankcentre.co.uk)

Southbank Centre, Belvedere Rd, London SE1 8XX / +44 844 875 0073

템즈 강 옆에 위치한 로열 페스티발 홀(Royal Festival Hall)은 늘 사람들로 북적이는 공간이다. 다양한 설치 미술과 공연, 근사한 레스토랑을 찾고 싶다면 이곳으로 가야 한다.

THE O2 ARENA(www.theo2.co.uk)

Peninsula Square, London SE10 0DX / +44 20 8463 2000

영국을 대표하는 통신사 중 하나인 O2는 브랜드 이름을 딴 공연장을 소유하고 있다. 다른 문화공간에선 클래식 공연이 주를 이루고 있는 반면 THE O2는 대중음악, 콘서트, 스탠딩 코미디 공연 등을 볼 수 있는 공간이다.

박물관과 미술관의 나라, 영국

United Kingdom Working Holiday

영국은 정말 크고 작은 박물관과 미술관이 참 많다. 더욱이 무료입장이어서 주말이면 가족 단위 관람객들이 참 많이 온다. 천장이 아름다운 대영박물관을 비롯해 당장에라도 공룡이 움직일 것 같은 국립 자연사박물관은 꼭 방문해야 할 영국의 대표 박물관이다. 그런데 대영박물관 근처 LSE 대학 옆에 정말 보물 같은 박물관이 하나 있다. 존 손 경 박물관(Sir John Soane's Museum)이 바로 그곳이다. 이곳에는 'A Rake's Progress'라는 8장의 그림이 있는데, 특정 시간에만 직원이 문을 열어 관람객들에게 공개한다. 영국 부의 역사를 유쾌하게 표현한 윌리엄 호가스(William Hogarth)의 작품으로 런던의 숨은 보물 중 하나이다.

산책 좀 하려고 동네를 돌아다니는데 호니만 박물관&정원(Horni-

man Museum&Gardens)이라는 박물관 겸 정원을 발견했다. 잘 알려진 박물관에 비하면 크기는 작지만, 이 박물관은 정원이 매우 유명하다. 안에 커피숍도 조용하고 깔끔해 데이트하기에는 좋은 것 같았다.

일요일에는 예배가 끝난 뒤에 혼자 국립미술관(National Gallery)에 가서 18세기 미술작품을 꼼꼼하게 관람했다. 국립미술관은 시대별로 작품을 구분해 두었는데 그 양이 많아서 하루 정도 시간을 갖고 천천히 둘러봐야 거의 다 관람할 수 있다. 대영제국이라고 불렸던 만큼 유물과 유적이 많이 있어서 박물관이나 미술관이 많아진 것이 아닐까 하는 생각이 들었다.

거대한 미술관으로 변한 공장

United Kingdom
Working Holiday

근무가 끝나고 테이트(Tate) 현대미술관에 다녀왔다. 주말에 잠깐 갔었는데 사람들이 너무 많아서 제대로 구경을 못했다. 그래서 평일 저녁 시간을 이용해서 다시 찾았다. 입장료는 무료다. 대부분의 영국 미술관과 박물관은 무료 관람이다. 하지만 특별 전시들은 유료다.

많은 그림 중에서 유독 눈에 밟혔던 작품이 있었다. 오스트레일리아의 황량한 사막 지형을 그린 듯한 작품이다. 쓸쓸하고 처량하고 황량한 것이 왠지 내 마음과 같았다. 지금까지 그림을 보고 많은 생각이 들었던 적은 별로 없었는데, 이 그림은 홀린 듯 한참을 바라보았다.

미술관에는 은은한 빛의 그림도 있고 아름다운 미인의 초상화도 있었다. 그리고 성인 남자 키의 세 배는 될 법한 설치 미술을 비롯해

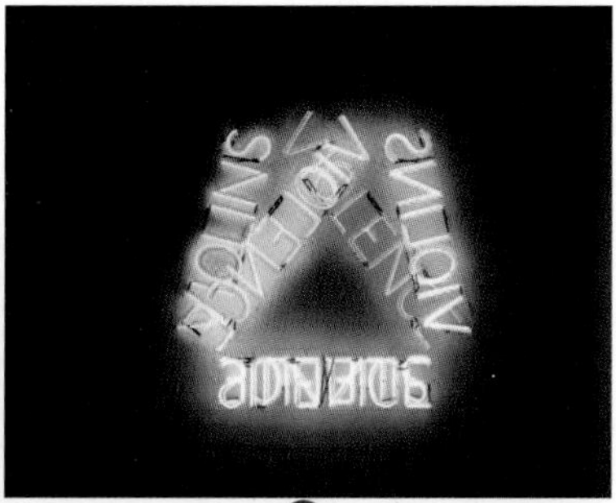

피카소와 몬드리안의 작품들도 감상할 수 있었다. 또한 비디오 아트 전시 공간도 마련되어 있었다. 어떤 그림은 화가인 아버지가 아들의 12개의 그림을 재해석해서 그린 작품도 있었다. 비디오 전시 중에는 한국인 작가의 작품도 있어서 들어갔는데 조금은 이해하기 난해했다.

미술관을 돌아보니 의자에 앉아 빈 스케치북에 드로잉하는 사람들을 많이 볼 수 있었다. 그런데 그 실력이 전문가 못지않았다. 어쩜 그리들 드로잉을 잘하는지, 그림에 재주가 없는 나는 그저 부러운 표정으로 뒤에서 바라만 보았다. 그리고 이렇게 유명한 작가들의 작품을 언제나 무료로 볼 수 있으니 참 크나큰 축복을 받은 도시구나 하는 생각이 들었다.

박물관이 이렇게 재밌다니

United Kingdom Working Holiday

교회 친구 아이에이샤의 생일을 맞이하여 토요일에 친구들과 함께 사우스 켄싱턴에 있는 과학박물관에 다녀왔다. 사우스 켄싱턴은 런던에 처음 왔을 때 묵었던 호스텔이 있는 곳이라서 왠지 친근했다. 이곳은 런던에서도 부촌에 속하는 지역으로 특히 프랑스인들이 많이 거주하고 있는 지역이다.

과학박물관은 단순히 전시물을 진열하고 정보를 제공하는 것뿐만 아니라 관람객들이 만지고 체험할 수 있는 체험형 전시들이 많이 있어 흥미로웠다. 게임을 하면서 지구 온난화를 체험할 수 있었고, 사진을 찍으면서 노화의 진행과정을 지켜볼 수도 있었다. 박물관이라고 해서 별 기대를 하지 않고 갔는데, 박물관 폐관 시간이 될 때까지 정말 시간이 어떻게 흘러갔는지도 모르게 재미있게 보냈다. 이 날 일정은 차이나타운에서 함께 시간을 보내며 마무리되었다.

Yes

전혀 사치스럽지 않은 사치 미술관

United Kingdom
Working Holiday

전통적인 회화가 보관된 국립 미술관과 달리 사치 미술관은 다양한 현대 작가들의 등용문이 되는 미술관이다. 오랜만에 동쪽을 벗어나 서쪽에서 주말을 보내니 뭔가 기분이 새로웠다.

다양한 작품이 있었는데 그중에서도 맥도날드 포장 봉투로 단풍나무를 표현한 작품이 인상적이었다. 얼마나 많은 노력과 시간이 소요되었을까 하는 생각에 경외심이 들었다.

또한 히틀러와 김일성의 어린 시절 얼굴을 표현한 작품도 있었다. 작가는 무슨 말이 하고 싶었던 걸까? 사회적 악인이라고 평가되는 인물들의 어린 시절도 우리와 다름없었다는 사실을 표현하고 싶었던 것일까?

SAATCHI

미술관을 나와서 앞 광장에서 파는 브라질 음식을 먹었다. 역시 음식은 레스토랑보다 시장에서 파는 음식이 더 맛있다. 근처 공원에 누워서 정말 아무 것도 하지 않고 햇빛을 즐겼다. 이런 영국의 여유가 좋다.

TIP-BOX

런던의 박물관

British Museum(www.britishmuseum.org)
Great Russell Street, London WC1B 3DG
+44 20 7323 8299

Science Museum(www.sciencemuseum.org.uk)
Exhibition Road, London SW7 2DD
+44 870 870 4868

Victoria and Albert Museum(www.vam.ac.uk)
Cromwell Road, London SW7 2RL
+44 20 7942 2000

Natural History Museum(www.nhm.ac.uk)
Cromwell Road, London SW7 5BD
+44 20 7942 5000

Sir John Soane's Museum(www.soane.org)
13 Lincoln's Inn Fields, London WC2A 3BP
+44 20 7405 2107

TIP - BOX

런던의 미술관

The National Gallery(www.nationalgallery.org.uk)
Trafalgar Square, London WC2N 5DN
+44 20 7747 2885

National Portrait Gallery(www.npg.org.uk)
St. Martin's Place, London WC2H 0HE
+44 20 7306 0055

Tate Modern(www.tate.org.uk)
Bankside, London SE1 9TG
+44 20 7887 8888

Tate Britain(www.tate.org.uk/visit/tate-britain)
Millbank, London SW1P 4RG
+44 (0)20 7887 8888

Saatchi Gallery(www.saatchigallery.com)
Duke Of York's HQ, King's Road, London SW3 4RY
+44 20 7811 3070

첼시 홈구장 '스템포드 브릿지(Stamford Bridge)'를 찾아라

United Kingdom Working Holiday

첼시를 좋아하는 사촌 동생 경환이가 사진 좀 찍어서 보내달라고 해서 퇴근 후 풀햄 브로드웨이(Fulham Broadway)역으로 왔다. 이곳엔 첼시 구장이 있다. 우리나라 기업과 스포츠용품 브랜드의 후원을 받고 있는 첼시는 가장 부유한 구단 중에 하나다. 개인적으로 축구를 그렇게 좋아하는 편이 아니라서 영국에 온 후 축구 구장에 처음 와 보았다. 역에서 나와 왼쪽으로 조금 걸어가니 첼시 홈구장인 스탬포드 브릿지가 나왔다. 당시 챔피언스리그 우승을 했기 때문에 입구에는 승리를 전하는 문구가 눈에 띄게 걸려 있었다.

조금 더 들어가니 벽면에 선수들 사진이 있었고, 오른쪽에는 앉아서 함께 사진을 찍을 수 있는 의자가 있었다. 그러나 나는 퇴근하고

혼자 잠시 다녀온 거라 사진을 찍어줄 사람이 없어 찍지 못했다.

사진을 혼자 찍으면서 돌아다니고 있으니 선수로 보이는 정장을 입은 사람들과 파티 드레스를 입은 여자분들이 함께 문이 닫힌 구장으로 들어가는 모습을 볼 수 있었다. 시간이 거의 저녁 8~9시를 향하고 있었기 때문에 팬존이나 기념품 가게는 문을 닫았다. 아쉽지만 겉에서 구경하는 것으로 만족하고 발을 돌렸다.

영국 영웅의 탄생 - 윔블던

United Kingdom
Working Holiday

화상을 입고 끙끙거렸던 2주가 지나갔다. 그동안 집에 있으면서 윔블던 테니스 경기를 계속 보았다. 윔블던 경기는 세계 4대 테니스 대회 중 가장 권위 있는 대회이다.

남자 테니스 결승이 있던 날 전 영국이 들썩였다. 77년 만에 남자 싱글 경기 우승을 영국 스코틀랜드 출신인 앤디 머레이가 했기 때문이다. 결승 경기를 보니 역시 준우승자보다 공에 대한 집념이 대단했다.

어린 시절 그는 학교에서 총기 사고

를 겪었을 만큼 파란만장한 인생을 보냈다. 스코틀랜드 친구 말에 의하면 지난 시즌까지 앤디 머레이는 감정 조절이 큰 문제여서 영국인들이 비난도 많이 했던 선수라고 한다. 어제의 비난과 오늘의 영광이라니. '인생 참 알 수 없는 것이구나'라는 생각이 들었다.

남자는 운동!

United Kingdom Working Holiday

이번 청년회 모임에서는 바비큐를 해 먹기로 했다. 담당자는 영국인 은행원 데이비드와 대만 친구 유엔. 하지만 집에 도착하니 비가 올 것 같아서 그냥 피자로 메뉴를 변경했다. 마리안은 지금 비도 안 오는데 너무 실망이라면서 데이비드와 실랑이를 벌였다. 그래도 피자를 맛있게 먹은 후 다들 한밤중에 나와 공원에서 야구를 했다. 나는 사모님께서 자기소개서를 첨삭해주셔서 조금 늦게 나갔는데, 다들 야구에 빠져서 정신이 없었다. '다들 다른 나라, 다른 문화에서 살고 있었지만 이렇게 함께 모일 수 있구나!' 하는 생각에 새삼 신기했다.

다음 날은 자동차 경주(Karting)를 했다. 몇 달 전 데이비드가 온라인 할인 사이트에 저렴하게 티켓이 나왔다면서 자신의 표와 유엔,

나의 표를 미리 예매를 해두었다. 그래도 한 명당 30파운드였다. 두 명은 이전에 해 보았고 나는 처음이었는데, 카트라이더 게임 같아서 정말 재미있었다.

한참을 신나서 달리다가 빨간 신호를 무시하고 앞의 차를 추월하자 진행요원이 대기하고 있으라고 했다. 이후 다시 달리기 시작했는데, 뒤에 어떤 차가 나를 쳐서 안경이 비틀어지고 머리가 울렸다. 그래도 신나게 달렸다. 어떤 사람들은 막 욕을 하면서 달리기도 하고 어떤 사람들은 그저 신나게 즐기면서 기록과 상관없이 운전을 즐겼다. 다음날 온몸에 멍이 들었지만 오랜만에 정말 재미있게 놀았다.

그 다음 날은 축구 시합이 있었다. 나는 축구를 정말 못하고 해 본 적도 거의 없어서 하지 않으려고 했다. 그런데 브라질에서 오시고 몸이 장난이 아니신 가브리엘 형님이 같이 좀 하자고 하셔서 아무 변명하지 않고 같이 축구하기로 했다. 가브리엘 형님은 소드레아 누님과 결혼을 해서 현재 런던에서 살고 계신다. 그런데 두 분의 축구 실력이 보통이 아니었다. 브라질에서는 어릴 때부터 축구 수업을 체계적으로 잘 받을 수 있다고 한다. 역시 그래서 축구 강국인가?

목사님께서도 영국인답게 축구를 정말 좋아하시는데, 내가 '저는 정말 축구 못한다'고 했더니 그래도 일단 해보라고 하셨다. 하지만 모든 경기가 끝나자 "정말 축구에 소질은 없구나."라고 말씀하셨다. 축구 좀 잘했으면 하는 바람이 예전엔 있었지만, 지금에 와서 뭐 어떻게 할 수 있겠는가. 그래도 다 같이 땀 흘리고 운동하며 시간을 보냈다는 것이 좋았다.

그런데 다음 날 목사님 댁에 다들 모였는데, 서로 잘 걷지 못해 다리를 잡고 웃었다.

하이드 파크(Hyde Park)에서 마지막 여름을

United Kingdom
Working Holiday

하이드 파크(Hyde Park) 다이애나 기념 공원에 교회 분들이 모두 모였다. 이번에는 청년들뿐만 아니라 어른들도 모두 모여서 마지막 여름을 즐겼다. 다들 동심으로 돌아가서 물장난도 치며 여름의 마지막을 즐겼다.

그리고 그날 저녁에는 남자들의 카레의 밤(Men's Curry Night)이 있

었다. 여성분들은 제외한 남자들만의 모임이라고나 할까? 장소는 지난번 소개한 브릭레인 식당이었다. 청년들은 자주 가지만 다른 어른들은 첫 방문이었는데, 다들 좋아하시는 눈치였다.

이렇게 영국에서의 첫 여름이 지나갔다. 같이 일하던 매니저님이 영국은 여름이 가장 생활하기 좋다고 하셨는데, 정말 쾌적한 날씨였다. 물론 브라이튼 사건을 제외하면 말이다. 가을 날씨로 향하자 영국에 처음 왔을 때 생각이 부쩍 많이 났다. 벌써 영국에 온 지 1년이 되었다. 그동안 참 많은 일이 있었고, 많은 생각을 하게 됐다. 이미 1기 중 많은 사람이 한국으로 돌아갔다는 이야기를 들었다. 나 역시 오랫동안 일한 와사비를 그만두었다. 와사비를 그만 두고 한국에 돌아가기 위해서가 아니라 1년이 지났기 때문에 다른 경험을 하고 싶었다. 어차피 2년이라는 정해진 시간이 있기 때문에 이제는 다른 생활을 생각해 볼 때도 되었다 싶었다. 늘 불안한 삶의 순간들이지만 지금까지 잘 생활해 온 것처럼 열심히 노력하다 보면 새로운 일이 나를 기다리고 있으리라 믿었다.

CHAPTER. 06

이별하기

백수 생활기

United Kingdom
Working Holiday

가을 냄새가 물씬 나는 9월, 나는 백수가 되었다. 계속해서 일자리는 찾고 있었지만 쉽지 않았다. 그러던 중에 영국 어머니 마가렛이 저녁이나 같이 먹자고 하셔서 놀러 다녀왔다. 저녁 식사로는 파스닙이 또 나왔다. 오븐에 살짝 구워서 요리해 주셨는데, 그 맛을 잊을 수가 없다.

그리고 런던 이모 로라가 지난번에 노숙자를 위한 음식 모음에서 얻은 음식들을 관련 기관에 전달하러 가야 하는데 짐이 많으니 도와달라고 하셨다. 나는 유엔과 함께 다녀왔는데 가는 길에 한국에 있는 형, 누나들이 카톡으로 사진을 보내왔다. 추석이라 다들 모였다는데 사진을 보자 너무 한국으로 돌아가고 싶었다. 한국도 안 간지 1년이 지났다. 이제는 돌아가야 할 때가 된 것인가?

한편 집 근처에 계신 교회 집사님께서 주말에 정원에 있는 사과와 배 따는 것 좀 도와달라고 하셔서 하는 일도 없었고 식사도 얻어먹을 겸 해서 도와드리러 갔다. 유엔도 논문 제출을 끝내고 그 집에서 지내고 있었기 때문에 같이 일을 도와드렸다.

그리고 무급 인턴을 하다가 스코틀랜드로 돌아갔던 제인이 이전 회사에서 유급 일자리 제안을 받고 다시 런던으로 돌아와서 식사를 같이 했다. 이 날 유엔이 대만 음식을 소개해 주었는데, 팥죽 비슷한 음식을 만들었다. 그런데 이 집의 아들 존이 맛없다면서 표정을 찡그리자 다들 당황하는 기색이 역력했다. 그래도 내 입맛에는 맛있었다.

주말에는 헤이문과 초혜랑 함께 시장 구경도 하고 차도 마셨다. 오래간만에 여유로운 생활을 누리고 있었지만, 마음은 계속해서 일자리 때문에 걱정이 한 가득이었다.

일자리를 찾아라

United Kingdom
Working Holiday

1. 와사비 약 1년 정도 생활한 와사비를 그만두었다. 팀원으로 활동하는 중에도 늘 영어를 많이 사용하고 좀 더 전문적인 직종에 근무하고 싶다는 생각을 꾸준히 해왔다. 이런 이야기를 매니저님들과도 나누니 매니저님께서 다른 매장의 매니저 직무에 추천을 해주셨다. 솔직히 한 매장의 매니저로 근무할 수 있다면 1년 더 근무할 마음이 있었다. 그래서 인터뷰를 보았고, 런던에서 세 번째로 매출이 높은 세인트 폴(St. Paul) 지점으로 이동되었다. 그런데 막상 그 매장으로 가보니 매니저 자리가 아닌 팀 리더 자리였다. 담당 지역 매니저는 돈 관리도 안 해봤고 자재 주문도 안 해봤는데 어떻게 바로 매니저를 시킬 수 있겠느냐고 반문했다. 이해는 했지만 그렇다면 어시스턴트 매니저로 왔으면 좋

았을 것을 하면서 아쉬운 마음을 삭혔다. 그렇게 팀 리더 생활이 시작되었고 매장의 전반적인 관리를 하나씩 배워갔다. 하지만 매니저로 일할 수 있다는 보장은 없었다. 매니저들의 공석이 생길 경우 임시로 투입은 되었으나 기약이 없었다. 이제 남은 비자 기간은 1년. 이렇게 불확실한 미래를 기대하면서 남은 1년을 허비하고 싶지 않았다. 그래서 그만두었다.

2. 한국문화원 와사비를 그만둘 때쯤 런던 한국문화원 면접이 있었다. 대학교 때 음악 회사에서도 근무했고 런던에서도 한국어를 가르치고 교회 친구들에게 한국 문화를 소개하는 일에 흥미를 느끼고 있던 터라 지원하게 되었다. 다행히 서류가 통과되어 면접을 볼 수 있었다. 긍정적으로 생각했지만, 면접은 달랐다. 먼저 이력서와 관련해서 부정적인 피드백이 나왔다. 지원분야에 행정지원이라고 적었는데 제대로 알고 지원한 것이 맞는지 물어오셨다. 조직심리학에서 직무기술서는 매우 중요해서 늘 일자리를 구하기 전에 해당 부분을 꼼꼼하게 읽는 편이다. 그런데 한국 문화원 공고에는 직무 명에 대한 내용이 나와 있지 않아서 임의로 행정지원이라고 적었었다. 그런데 그 부분을 지적하셨다. 그리고 하고 싶은 일에 관해서 물어보셨을 때 공부를 하고 싶다고 이야기했다. 학창시절에도 늘 공부와 일을 병행했었는데, 한국문화원에서 근무하면서도 대학원에서 관련된 공부를 좀 더 체계적으로 해서 문화원을 위해서 일하고 싶다고

했다. 그랬더니 같이 오래 일할 사람을 뽑기 때문에 잘못 지원한 것 같다고 또 지적하셨다. 그렇게 떨어졌다.

3. 카페네로 와사비에서 잠깐 일했던 스페인 친구의 남자친구가 카페네로에서 일하는데, 같이 일하는 사람이 말없이 그만두었다고 연락이 왔다. 그래서 CV를 들고 오면 매니저를 소개해 주겠다고 했다. 그래서 다음날 바로 CV를 들고 가서 면접을 보았다. 하지만 연락은 없었다.

4. 게임회사들 런던브릿지에 있는 게임회사에서 한국어 번역 관련 일이 있다고 면접 볼 수 있느냐고 했다. 그런데 면접은 영작, 번역, 한국어 문법 등의 시험들이었다. 며칠 뒤에 결과 메일을 받았는데 번역이 많은 오류를 가지고 있어서 재번역을 해야 했기 때문에 아무래도 채용이 어렵다고 했다. 그렇게 또 고배를 마셨다.

그리고 캔디크러쉬라는 페이스북 게임 회사에서 한국어/영어 기술서비스 담당이 필요하다고 연락이 왔다. 회사는 북아일랜드 벨파스트에 있었지만, 이것저것 가릴 처지가 아니었다. 500자 국영문 자기소개서를 보내달라고 해서 보냈는데 긍정적인 반응이 왔다. 다음은 전화인터뷰가 있는데 이른 시일 안에 연락을 다시 준다고 했다.

5. 유니클로 교회 동생 중 한 명이 유니클로에서 근무하고 있었는데, 시급도 높고 해서 나 역시 근무하고 싶었다. 처음에는 온라인을 통해서 몇 군데 매장에 이력서를 제출하였고, 다른 매장들은 CV를 직접 들고 돌아다녔다. 그러던 중에 유니클로 매장 두 곳에서 면접이 잡혔다. 한국문화원에서 조금은 소극적으로 표현했던 것에 대한 아쉬움이 있어서 이번에는 적극적으로 표현하기로 했다.

인터뷰 내용은 자기소개, 일한 경력, 왜 유니클로인지, 팀으로 일할 수 있는지 등 기본적인 질문이었다. 문제는 역시 영어였다. 영국인 지원자들 사이에서 혼자 동양인으로서 대답하려니 정말 내 자신이 불쌍했다. 하지만 손짓 발짓 동원해서 유니클로를 좋아하고 지금 입고 있는 이 옷도 유니클로라면서 최대한 노력했다. 그렇게 유니클로 일을 구하게 되었다. 아쉽지만 벨파스트 쪽에는 다른 일자리를 구해서 근무가 어려울 것 같다고 통보했다. 이후 크리스마스 시즌을 위한 유니클로의 수습 생활이 시작되었다.

27살 아시아 남자로 살아가기

United Kingdom
Working Holiday

지난주 교회 동갑내기 대만 친구인 유엔의 졸업 전시회가 있어 교회 사람들 모두 총출동해서 축하해 주었다. 작년에 골드 스미스(Gold Smith) 대학의 사진 석사과정으로 와서 공부하고 있는 유엔은 나랑 사는 곳도 가깝고 동갑내기이다 보니 다른 중국계 영국인 데이비드와 함께 셋이 자주 어울려 다녔다. 이때가 졸업논문과 전시를 앞둔 시점이라 유엔과 진지한 이야기들을 나눌 시간이 있었다. 나도 진로에 대해서 고민이 많았고, 유엔도 돌아가서 직장이나 결혼 등에 대한 걱정을 하고 있어서 여러 이야기를 나누게 되었다.

27살 아시아 남자로 살아간다는 건 어떤 것일까?

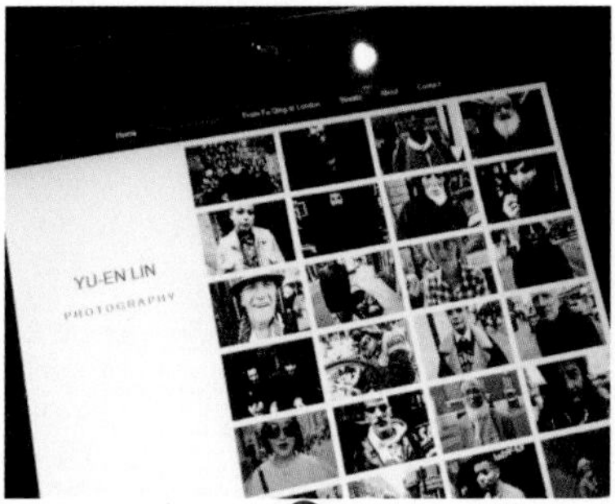

대학 졸업 후엔 안정적인 직장을 가져야 하고 그 뒤에는 결혼해야 하고, 아내와 아이들을 키우면서 행복하게 사는 것? 그러나 일단 우리들은 하고 싶은 일과 해야 하는 일 사이에서 멈췄다. 해야 하는 일들을 하지 않고 살고 싶다기보다는 아직은 우리가 하고 싶은 일에 좀 더 초점을 두고 싶다는 데 동의했다. 왜냐면 27살, 아직은 젊은 나이니까 말이다(영국 나이로 27살, 한국 나이로는 28살이었다). 둘 다 귀국하면 직장, 결혼 등의 현실적인 문제와 또 씨름하겠지만, 이곳에서는 그런 사회적 압박보다는 하고 싶은 일들에 초점을 더 둘 수 있었다.

유엔은 대만 방송국에서 몇 년 동안 근무하다가 사진을 전공하고 싶어서 이곳에 왔다. 그리고 앞으로 저널리즘 사진작가가 되고 싶다고 한다. 과연 우리는 각자의 나라로 돌아가서 어떤 삶을 살게 될지 궁금했다. 사람들이 바라는 기준에 맞춰서 살고 있을까? 아니면 그것을 뛰어넘은 누군가가 되어 있을까?

유니클로 떠나다

United Kingdom
Working Holiday

영국은 잉글랜드, 스코틀랜드, 웨일스, 북아일랜드 이렇게 네 개의 나라로 구성된 연합국이다. 이 때문에 The United Kingdom이라고 칭한다. 유니클로에서 열심히 일하고 있어야 할 것 같은데 왜 갑자기 지리 이야기를?

일단 유니클로 이야기부터 시작해야 할 것 같다. 유니클로에 입사하자 먼저 신입교육이 있었다. 그 시간에 나는 내 남은 1년의 시간을 생각했다. 상점에서 근무할 수밖에 없는 나의 처지가 조금은 슬펐지만, 고객들과 이야기하면서 영어는 많이 사용할 수 있을 것 같았다. 그래서 몸은 조금 힘들더라도 열심히 일하기로 했다. 그러나 어느 날 매니저가 나를 재고(Stock)팀으로 보냈다. 재고팀은 재고조사와 관련된 일을 담당하기 때문에 고객들과 만날 일이 거의 없었다.

나는 이렇게 1년을 창고에서 보내기는 싫었다. 그러던 중 북아일랜드의 벨파스트가 생각났다. 이미 일자리를 거절한 지 한 달이 지났기 때문에 다른 사람을 구했을 수도 있었지만, 용기를 내서 다시 연락했다. 다행히 아직 사람을 구하고 있었던 터라 면접을 다시 잡고 합격을 할 수 있었다.

벨파스트 쪽 회사에서는 벨파스트로 오는 비행기와 도착 후 1주일 동안 묵을 호텔도 지원해 주었다. 영국 내에서 벨파스트는 끊임없는 분쟁이 있는 위험 지역 중의 하나이다. 하지만 영국에 온 지 1년이 지났으므로 이제 새로운 도시에 도전하기로 했다. 런던의 많은 친구와 헤어져야 하는 것은 아쉬웠지만, 계속 머물러 있을 수는 없었다. 그렇게 나는 벨파스트로 떠났다.

현실적인 은행원들과의 대화

United Kingdom
Working Holiday

벨파스트로 떠나기 전에 1년 동안 생활하면서 늘어난 짐을 맡길 장소가 필요했다. 한 번에 다 가져갈 수는 없어서 당장 필요 없는 여름옷과 짐은 친구 데이비드 집에 맡기기로 했다.

데이비드의 집에 가니 이번에 룸메이트로 말레이시아에서 온 에드문드도 있었다. 에드문드는 데이비드와 같은 은행에서 근무한다. 원래는 짐만 맡기고 집으로 오려고 했으나 축구를 보고 난 후 이야기꽃이 시작되었다.

1. 연애와 결혼 세 명 다 여자친구가 없다 보니 자연스럽게 연애 이야기가 시작되었다.

"넌 왜 여자친구 안 만나니?

좋아하는 사람은 있어?

이상형은 어떻게 되니?"

솔직히 외국에서 여자친구를 사귈 수도 있겠지만, 일자리 구하는 것부터 진로 문제까지 고민이 산더미라 도저히 연애할 여유가 없었다. 또 나는 어차피 돌아가야 할 사람인데 무책임하게 행동하고 싶지 않았다. 그래서 직장도 잡고 안정적인 상태에서 결혼할 상대를 만나고 싶다고 했더니 그런 뒤에 만나면 조건을 따지게 되므로 아무것도 가진 것 없을 때 만나는 여자가 진정한 여자라며 조언을 아끼지 않았다. 그러면서 서양 여자애들은 어떤지에 대해서도 물었다. 나는 서양이든 동양이든 사람만 좋으면 된다고 답했지만, 그는 쉽지만은 않은 관계라 했다. 특히 부모님에 대한 태도부터 해서 서양사람들은 다른 가치관을 지녀서 힘든 점들이 많단다. 그래서 자신은 중국계 영국인 혹은 중국인을 만나고 싶다고 했다.

2. 대학원과 취업 데이비드는 자기가 내 입장이었다면 대학 졸업 후 영국에 오지 않고 직장을 구했을 거라고 했다. 데이비드 뿐만 아니라 내 고향 친구들과 친척분들도 이런 얘기를 많이 했었으니 놀랄 일도 아니다. 데이비드는 나에게 앞으로 어떤 일을 하고 싶은지 물어봤다. 그래서 나는 심리학과 출신이므로 졸업 후 HR 분야 혹은 리

서치 분야에서 근무하는 것이 정석 같지만, 미디어 분야에서도 일해 보고 싶다고 했다. 아니면 외국의 대학원에서 장학금 받으며 공부도 더 해보고 싶다고 했다. 그러자 데이비드와 에드문드가 자신들은 과목을 정할 때 직장에 들어가는 데 도움이 되는 과목을 선택한다고 했다. 그래서 내가 만약 대학원에 가게 된다면 좋아하는 것보다는 나중에 취직할 수 있는 분야, 즉 전공을 엔지니어링이나 약학 등을 선택해야 영국에서 취직할 때 유리하다고 했다. 그리고 장학금을 받고 싶다는 말에는 현실적으로 GPA(학점)가 높지도 않고 수상경력이 뛰어난 것도 아닌데 어떤 기관에서 너에게 장학금을 줄 수 있겠느냐고 했다.

솔직히 영국에서 공부를 해보고 싶었다. 그런데 이 친구들과 대화를 하면서 '내가 참 이상적인 사람이구나'라고 느꼈다. 나의 계획은 현실 불가능한 것일 수도 있겠다 싶었다.

굿바이 런던

United Kingdom Working Holiday

원래 계획은 런던에서 못 가본 장소들을 돌아다니면서 여유 있게 마무리하려고 했으나 매일 사람들에게 작별 인사하러 다니느라 제대로 구경도 하지 못했다. 유엔도 유럽여행 후 대만으로 돌아갈 예정이었기 때문에 같이 송별 파티를 했다. 떠나는 마지막 일요일에는 교회에서 많은 분이 아쉬움을 전해주셨다. 벨파스트에서 오신 분들은 그곳에서 조심해야 할 지역과 정착할 수 있는 교회 등 알고 계신 많은 것들을 전해주셨다. 그리고 사모님과 마지막으로 포옹하고 인사를 했는데 목사님께서는 오전에 포옹할 때 울음이 나올 것 같아서 빨리 자리를 떠나셨다고 말씀해주셨다. 그 이야기를 들으니 왠지 기분이 슬퍼졌다. 영국에는 가족도 없어 외롭다고 이야기할 때마다 우리가 가족인데 그런 소리 하지 말라고 늘 말씀해 주셨는데, 코벤트리 공원에 앉아 외로움에 눈물 흘릴 때는 이런 사랑과 위로를 기대하지 못했었다.

떠나기 전 마지막 월요일에는 교회에서 만나 알게 된 표 누나 가게에 처음 다녀왔다. 나와 같은 비자로 온 표 누나는 캠든타운 옷가게에서 일하고 있었다. 나는 갖고 싶었던 카키색 코트와 사모님 드릴 팔찌를 샀다. 저녁에는 유엔이랑 마리나 집에서 저녁을 먹었다. 마리나의 아들 존은 유엔과 지내면서 사진에 대해서 부쩍 관심이 늘었다. 마리나는 나에게 카드를 써서 주셨는데 안에 돈도 넣어주셨다. 너무 받기만 하는 것 같아서 죄송했다.

화요일에는 목사님 댁에 가서 식사했다. 늘 가보고 싶었던 에식스

(Essex)의 TOWIE 촬영지에서 사진도 찍고, 사모님이 자주 해주시던 까르보나라도 먹었다. 목사님께서는 스코틀랜드에서는 Dinner가 점심이고 Tea는 저녁이라고 말씀해주셨다. 그래서 'Would like to come for tea?'는 차 마시자는 의미가 아니라 저녁식사를 함께 하자는 표현이라고 이야기해 주셨다. 그리고 자신이 젊은 시절 활동했던 밴드 앨범을 선물로 주셨다.

목요일에는 유니클로에서 일하는 농생 지현이가 감자탕을 만들어 준다고 해서 만났다. 햄스테드 히스(Hampstead heath) 공원에서 산책도 하고 오랜만에 한국 음식도 먹고 너무 즐거운 시간이었다. 햄스테드 히스는 처음이었는데 날씨도 아주 좋아 괜히 런던이 그리워질 것 같았다. 산책 후에는 특별하게 알게 된 폴 형과 서울 베이커리(Seoul Bakery)에 가서 떡볶이와 불고기 덮밥을 먹었다.

금요일에는 비행기 티켓을 출력했다. 그리고 와사비에 오랜만에 가서 인사하고 마리안 집에 가서 페루 스타일의 파스타를 대접받았다.

토요일에는 영국 어머니 마가렛을 만나서 저녁을 먹고 공항으로 향했다. 일요일 아침 비행기였기 때문에 차편이 마땅치 않아서 공항에서 자기로 했다.

한국에 있을 때에는 영국에 오게 될지 몰랐다. 버밍엄에 도착해서는 런던으로 다시 돌아가게 될지 몰랐다. 그리고 지금은 듣지도 못했던 벨파스트라는 지역으로 떠나려고 한다. 삶이란 이처럼 알 수 없는 비연속성들의 조합인지도 모르겠다.

CHAPTER. 07

변화하기

벨파스트에서 시작하는 영국 생활 2.0

United Kingdom Working Holiday

공항에서 거의 밤을 지새웠던 터라 비행기에 타자마자 잠이 들었다. 1시간 정도 눈을 감았을까? 벌써 도착이라는 소리가 들려왔다.

북아일랜드는 영국 서쪽에 있는 아일랜드 섬 북쪽에 위치한 도시이다. 남쪽으로 내려가면 아일랜드가 있다. 나는 너무 피곤했던 터라 회사에서 예약을 해준 호텔에 바로 가서 잠을 청하려고 했지만, 2시부터 체크인이라서 그때까지 기다려야 했다. 그래서 짐을 맡긴 후 피곤한 몸을 이끌고 도시를 조금 둘러본 후 호텔로 돌아와서 바로 잠이 들었다.

저녁에는 일어나서 교회에 갔다. 역시나 다들 북아일랜드 억양을 사용하고 있었으며, 런던 교회보다 더 보수적이었다. 예배가 끝난 후 청년들 모임에 참석하게 되었는데 다들 대학생 나이대로 보였다. 처음인지라 아직은 어색해서 말은 별로 나누지 못했다. 모임이 끝난 후 나는 호텔로 돌아왔다.

다음날 아침 식사를 하고 회사로 출근했다. 호텔 조식이라서 그런지 맛있었다. 첫날은 오리엔테이션으로, 오전 시간에는 회사 소개가 이루어졌다. 수십 명 정도가 모였는데 대부분 프랑스인들이었고 동양인은 나 혼자였다. 인사 담당자가 오후에는 방을 구해야 하니 자유롭게 방을 보러 다니라고 시간을 주었다. 택시비용도 나중에 청구할 수 있다고 했다. 그때 프랑스 남자 한 명이 나에게 같이 방을 구하러 가자고 해서 옆에 있던 네덜란드 친구와 함께 방을 보러 다녔다. 방값은 런던에 비해서 엄청나게 저렴했다. 이 이야기를 하니 런던이 유별나게 비싼 것이라고 했다.

둘째 날은 사무실로 출근을 했다. 게임회사를 고객으로 두고 기술 서비스를 제공하는 일이다 보니 이 날은 게임만 하라고 했다. 점심

에는 피자가 제공되었는데 동료가 함께 먹자고 했다. 아직은 동료들과 어색하긴 했지만, 벨파스트에서의 일상에 서서히 적응해갔다.

일주일 후 다행히 사무실에서 걸어서 10분 거리에 방을 구했다. 월세는 112.5파운드로 정말 저렴했다. 4명이 함께 나눠서 돈을 내는 것이긴 하지만 런던 방값을 생각하면 정말 저렴한 돈이다.

그리고 잠깐 서점에 가는 길에 영국 국기를 들고 시청 앞에서 시위하는 사람들을 볼 수 있었다. 정치적으로 불안정한 지역이라는 이야기는 뉴스와 친구로부터 들었지만, 실제로 보니 피부로 느껴졌다.

북아일랜드는 아일랜드에 소속되어야 한다고 주장하는 구교파와 영국에 소속되어야 한다고 주장하는 신교파가 끊임없이 대립하고 있다. 영국 시청이 이런 분쟁을 막기 위해서 영국 국기를 시청에 걸지 않자 신교파에서 주말마다 이에 대해 시위를 했다. 피와 전쟁으로 얼룩진 앙금들이 오랜 시간 동안 이들 사이에 존재하고 있었다.

집에 있기 싫어요

United Kingdom Working Holiday

내가 사는 집은 큰 방 2개와 작은 방 2개, 거실과 식당으로 구성된 3층집으로, 작은 뒷마당까지 딸려 있는 정말 큰 집이었다. 그런데도 월세는 525파운드였다. 런던에 있었으면 방 하나가 한 달에 525파운드일텐데 이렇게 물가가 차이가 나다니 놀라웠다.

이 집에서 나는 프랑스 남자 한 명, 프랑스 여자 두 명과 함께 살았다. 그런데 정말 집에 있기가 싫었다. 프랑스 남자는 매일 시끄럽게 떠들고 게임하고 말끝마다 욕을 해 성격 면에서 나랑 맞지 않았다. 그래도 맞춰준다고 맞춰주었지만 별로 친해지고 싶지 않았다.

어느 날 새벽에는 프랑스 여자 두 명이 엄청 크게 싸웠다. 나이가 좀 있는 프랑스 여자가 젊은 여자에게 자기 방에서 물건 좀 그만 훔

쳐가라고 화를 냈고, 젊은 여자는 그런 적이 없다며 또 화를 냈다. 그러자 프랑스 남자가 나와서 시끄럽다고 또 화를 내면서 새벽부터 우리 집은 전쟁터가 되었다. 나중에 알게 된 사실이지만 나이가 있는 프랑스 여자가 정신병이 좀 있는 듯했다. 아무튼 이렇게 집이 심란해서 도저히 있을 수가 없었다. 그래서 주말에 근교로 떠났다. 사실 그동안 도심이 정말 작고 할 만한 것도 별로 없어서 퇴근하면 집에서만 생활했다. 그래서 주말을 이용해서 관광명소에 가보기로 했다.

일본인 동료가 버스 투어가 잘 되어 있다면서 회사 몇 곳을 소개해주었다. 나는 16파운드에 자이언츠 코츠웨이로 가는 버스 여행을 택했다. 가는 길에 관광지를 몇 곳 정도 들러서 갔는데, 로프(Rope) 다리라는 곳이 생각보다 무서워서 혼났다. 날씨도 춥고 바람도 꽤 불어서 다리가 많이 흔들거렸기 때문이다. 그리고 부시밀즈(Bushmills)라는 마을에도 들렀다. 북아일랜드가 스코틀랜드와 함께 위스키로 유명한데, 이 마을이 위스키로 유명하다고 한다. 또 점심을

먹기 위해 한 식당에 내렸는데 말이라고 하기에는 작고 당나귀라고 하기에는 조금 특이하게 생긴 짐승이 있었다. 종이 무엇일까. 여하튼 귀엽기 그지없었다. 그렇게 이곳저곳 들르다가 오후 중반이 되어서 최종 목적지인 자이언츠 코츠웨이에 도착했다. 이곳은 육각형의 현무암으로 이루어진 것이 특징이다. 스코틀랜드에도 같은 지형이 있는데, 그래서인지 거인들이 스코틀랜드로 이동하는 통로로 삼았다는 전설이 있다. 비록 하루지만 전쟁 같은 집에서 나와 휴식을 취할 수 있어서 행복했다.

안나 이모의 사탕 공장

United Kingdom
Working Holiday

단 것을 별로 좋아하진 않지만, 교회에서 안나 이모의 사탕 공장이라는 곳으로 견학을 간다고 해서 함께 다녀왔다. 영화 '찰리와 초콜릿 공장'과 같은 큰 규모를 기대하고 갔는데, 실상은 작은 사탕 가게였다. 하지만 안나 이모의 조카뻘 되는 주인아저씨께서 장갑을 끼고 재미있는 멘트와 다양한 솜씨로 사탕을 직접 만들어 주셔서 지루하지 않았던 공장 견학이었다. 나오는 길에 기념으로 맛있어 보이는 사과 사탕을 하나 구매했는데 결국 냉장고에서 운명을 달리하고 말았다.

집으로 오는 길에 이곳 벨파스트에 타이타닉 박물관이 있다는 이야기를 듣고 그쪽으로 발걸음을 옮겼다. 사실 벨파스트는 오래전부터 조선업이 발달해 타이타닉 호도 이곳에서 제조했으며, 그 외 많은 선박들을 만들어냈다고 한다. 하지만 한국과 같은 신흥국의 부상으로 현재는 거의 쇠퇴했다.

사탕 공장 견학을 마치고 간 때라 이미 저녁이었기 때문에 박물관 안은 관람하지 못했다. 그런데 박물관 앞에 오래된 배의 일부가 전시되어 있었다. 안내문을 보니 노마드 호의 일부라고 했다. 노마드 호는 타이타닉 호가 워낙 컸기 때문에 해안가에서 사람들을 태워 나르던 배였다. 노마드 호를 보니 타이타닉 호처럼 거대했던 벨파스트였지만 어느새 신흥국들의 파도로 인해 노마드 호처럼 되어 버린 현실과 겹쳐져 보여 안타깝게 느껴졌다.

아직은 어색한 사무실

United Kingdom
Working Holiday

사무실에 크리스마스 파티가 있었다. 관리자들이 직원들 휴대전화 번호도 모를 정도로 회식이 거의 없는 영국 회사이지만, 크리스마스와 같이 특별한 날에는 이렇게 회식을 한다. 그러고 보니 벌써 영국에서 맞이하는 두 번째 크리스마스다. 이곳에 와서 근무한 지도 이제 두 달이 다 되어 갔다.

한국어와 영어 담당이었던 나는 아시아 친구들과 함께 공간을 공유했다. 중국어는 서비스하지 않고 일본어를 서비스했기 때문에 일본인 친구가 두 명 있었다. 이들과 매일 같은 공간을 사용하고 업무적인 일을 물어보다 보니 친하게 지내게 되었다. 유코라는 친구는 아일랜드 남편을 만나 살고 있는 주부였고, 마사오라는 친구는 영국 시민권을 가지고 있는 친구였다. 그런데 영국에서 학교를 다니고 오랫동안 생활했음에도 불구하고 영어 발음은 일본어 억양이 강하게 느껴졌다.

크리스마스 파티가 있기 전 여유 시간이 좀 있어서 벨파스트 시청에 임시로 개장된 크리스마스 시장을 구경했다. 캥거루 햄버거를 비롯해서 크리스마스 음식들이 가득했다. 배도 고프고 먹고 싶은 음식은 넘쳐났지만, 파티를 앞두고 있었기 때문에 참고 눈요기만 했다.

약속된 시간이 되어 만나기로 했던 레스토랑으로 갔다. 우리 부서는 거의 유럽 국가별로 2~3명씩 근무하고 있었기 때문에 많은 인원이 모였다. 다들 크리스마스 분위기에 신이 난 듯했다. 하지만 일을 시작한 지 얼마 되지 않았던 나에겐 아직은 어색하고 어려운 자리였다. 식사 후 다들 펍으로 2차를 갔지만 나는 다음날 런던데리(Londonderry)에 가기로 했기 때문에 일찍 집으로 돌아왔다.

일 때문에 이곳 낯선 섬나라에 오긴 했지만, 괜히 런던에 있는 친구들이 보고 싶어졌다. 많이.

아픔을 간직한 런던데리 (Londonderry)와 빛의 축제

United Kingdom
Working Holiday

런던데리는 북아일랜드 북쪽 해안가에 있는 마을이다. 어떤 이들은 '런던데리(Londonderry)'라고 말하고 어떤 사람들은 그냥 '데리(Derry)'라고 말한다. 런던데리는 런던에서 생활할 때 라디오 DJ를 통해서 알게 되었다. 출퇴근하면서 BBC 라디오를 항상 들었었는데, 당시 BBC 라디오의 큰 음악행사가 이곳 '런던데리'에서 열린다고 전했다. 당시에는 런던의 한 지역 이름인 줄 알았는데 알고 보니 북아일랜드에 위치한 작은 도시였다.

화려한 건물들의 외관과 달리 런던데리는 가슴 아픈 역사를 지니고 있는 도시이다. 그것을 잘 표현한 영화가 '블러디 선데이(Bloody Sunday)'이다. 1970년 1월 30일 영국군에 의해서 무고한 시민들이 희생된 사건이 있었다. 당시 북아일랜드는 아일랜드공화국을 지지하는 구교도와 영국연합국을 지향하는 신교도 간의 갈등이 있었다. 그런데 구교도를 차별하는 정책이 시행되자 이를 반대하는 시민운동이 일어나 평화적인 행진이 진행되고 있었다. 하지만 당시 영국군은 26명의 무고한 시민을 총살하였고, 이를 은폐하려는 시도들이 수년간 이루어졌다. 그 모습을 지켜본 북아일랜드 국민들은 영국 정부군에 반하는 아일랜드공화국군대(IRA)에 가입하면서 대립각을 세웠다. 수년간의 조사와 소송을 통해서 영국 총리 데이비드 캐머런(David Cameron)은 공식적인 사과를 했지만, 그 갈등은 세대를 거쳐 이어져 오면서 북아일랜드 정치를 양분화 시켰다. 북아일랜드는 지금도 아일랜드 공화국을 지지하는 IRA와 영국을 지지하는 왕정주의자(Royalist) 또는 통합론주의자(Unionist) 지역이 나뉘어서 생활한다. 서로의 지역에는 가지 않는 것이 암묵적인 약속이지만, 해마다 이들의 갈등과 관련된 사건, 사고가 끊이지 않고 있다.

이러한 '블러디 선데이' 사건이 발생한 곳이 '프리데리(Free Derry)'라는 지역인데, 그 사건을 잊지 않기 위해서 건물마다 당시의 모습들을 벽화로 그려두었다. 그런데 내가 방문했을 때는 사람들이 거의 보이지 않아 음산한 기운마저 느껴졌다. 나중에 북아일랜드 친구들에게 들은 이야기로는 관광객이라 할지라도 당시와 관련된 이야기는 지금도 민감한 내용이기 때문에 되도록 하지 않는 것이 좋다고 한다.

나는 박물관이 있다고 해서 가서 좀 보려고 했으나 하필 그날이

휴관일이었다. 그래서 길을 따라 다시 성벽 안으로 들어왔다. 런던데리는 성벽 안에 이루어진 도시이다. 지금은 성벽 밖에도 마을이 있지만, 당시에는 성벽 안에서 많이 생활했다고 한다.

허기가 느껴져서 성벽 근처에 갤러리와 함께 있는 카페에서 샌드위치를 먹었다. 알고 온 것은 아니었지만, 마침 빛의 축제 뤼미에르(Lumiere) 기간이라서 보고 가고 싶었다. 점심을 먹을 때가 3시쯤이었는데 뤼미에르 축제는 5시부터 10시까지 열린다고 했다. 그래서 도시가 작아서 볼 곳들은 다 보았는데 남는 시간 동안 무얼 할까 하다가 '아이리시 커피(Irish Coffee)'가 생각났다. 원래 커피를 좋아하기 때문에 아이리시 커피는 무슨 맛인지 궁금했다. 아이리시 커피는 커피에 위스키를 섞어서 만든다. 예전에 다큐멘터리에서 보았는데 아일랜드가 섬나라라 춥고, 위스키가 유명해 아이리시 커피가 생겼다고 한다.

카페 아주머니께 아이리시 커피를 주문하니, 아이리시 커피는 펍

에서 판다고 말씀해주셨다. 그래서 보이는 펍마다 들어가서 "혹시 아이리시 커피 파시나요?" 했지만 다들 판매하지 않는다고 말씀하셨다. 이건 뭐 유명하다고 하더니……. 그래도 마지막으로 들어간 펍에서 목소리 걸쭉한 덩치 좋은 누님께서 아이리시 커피는 있지만 신선한 생크림은 없는데 괜찮으냐고 물었다. 아이리시 커피면 상관없다고 하고 주문을 하고 자리에서 기다렸다.

주문할 때는 몰랐는데 정말 많은 사람이 펍에 있었다. 손님들은 서로 다들 안면이 있는지 오고 가면서 인사를 주고받았고, 덩치 좋은 누님도 손님들과 허물없이 이야기를 나누고 있었다. 죽자고 폭탄주를 마시는 우리의 술 문화와 달리 맥주 한 잔 놓고 형님들께선 수다 삼매경에 빠져 계셨다. 그리고 재미있는 것은 여기 사람들은 'Yes'라고 말하지 않고 'Aye'라고 대답한다. 북아일랜드와 스코틀랜드 사람들은 'Aye'를 더 많이 쓰는 것 같다. 그렇게 구경을 하는 동안 주문한 아이리시 커피가 나왔다. 아무 생각 없이 쭉 마셨더니

식도가 타들어 가는 줄 알았다. 위스키도 뜨겁고 커피도 뜨겁고. 그냥 술이었다. 그래서 대충 마시고 밖으로 나왔다.

제법 밖이 어두워졌다. 도시 전체에 불이 켜지기 시작했고 곳곳에 설치되었던 전시들이 보이기 시작했다. 건물들은 여러 색을 입고 예술품들로 변해 있었다. 하얀 빌딩에는 아이들이 그린 그림과 영상이 하얀 도화지 위에 그린 것처럼 표현되었다. 시간 가는 줄 모르고 구경하다가 이제 집에 돌아가려고 하니 진행하시던 분이 공원에 또 다른 전시가 있으니 구경하고 가라고 안내해주셨다. 사람들을 따라서 공원으로 향해보니 작은 불씨들을 이용한 다양한 작품들을 전시하고 있었다. 하지만 저녁이고 바람이 제법 불고 있어서 불씨가 공원으로 옮겨져 큰불이라도 나면 어쩌나 하고 혼자 조마조마했다.

런던데리는 과거의 아픈 상처를 지닌 도시지만, 다양한 문화 행사를 통해서 새롭게 변화하려고 노력하고 있었다. 아직도 곳곳에 갈등과 분쟁이 있지만, 새로운 미래를 위해서 계속해서 나아갈 것이다.

벨파스트성에서 온 초대장

United Kingdom Working Holiday

벨파스트에는 시내가 다 내려다 보이는 곳에 성이 하나 있다. 이 성은 결혼식장으로 매우 유명하고 인기가 많아서 우스갯소리로 약혼자 없이도 미리 1~2년 전에 예약을 한다고 한다. 그런 성에서 크리스마스를 앞두고 크리스마스 티(Tea) 파티가 있었다. 가격은 5파운드 정도 했는데, 교회 식구들끼리 다 같이 성도 구경하고 차도 마시는 시간을 가지기로 했다.

막상 가보니 영화에서 본 듯한 으리으리하고 화려한 성은 아니었다. 세계대전 중에 폭탄으로 인해 많이 훼손되어서 리모델링을 했다고 한다. 그래서인지 조금은 현대적인 느낌의 건물이었다. 벨파스트는 세계대전과 내전 등으로 건축물들이 훼손된 곳이 많다. 그 때문에 도시를 새롭게 재건하려는 프로젝트도 많이 이루어지고 있다.

성과 각 방에 대한 설명이 끝나자 민스 파이(Mince Pie)와 차가 나왔다. 민스 파이는 다진 과일이 들어가 있는 따뜻한 파이이다. 영국에서는 특별히 크리스마스 때 민스 파이를 많이 먹는다. 나는 테이블에 자리가 없어서 일행과 따로 떨어져 앉아 있었다. 그런 모습이 안쓰러우셨는지 목사님께서 따로 자리를 만들어서 합석하게 해주셨다. 그래도 아직은 교회 식구들이 어색하다. 익숙해질 것도 같지만 먼저 마음의 문을 열기가 어렵다. 하지만 분명한 사실은 내가 먼저 다가가고 마음의 문을 열어야 더 크고 넓은 관계를 만들어갈 수 있다는 것이다. 좀 더 노력해서 친해져야겠다.

고향 방문하기

United Kingdom
Working Holiday

오랜만에 런던에 다녀왔다. 그냥 빈손으로 가기가 그래서 크리스마스이기도 해서 카드를 샀다. 영국은 늘 생일이나 기념일마다 카드를 주고받는다. 내친김에 한국에 계신 어머니와 친구들에게 보낼 카드도 샀다. 그리고 벨파스트 시청 앞에 있는 크리스마스 시장에서 목사님 댁 아이들에게 줄 사탕도 샀다. 왠지 고향 내려가는 기분이었다. 런던에 있는 동안에는 죄송스럽지만 목사님 댁에서 지냈다.

도착한 날 청년들의 크리스마스 모임이 있었는데 다들 오랜만에 봐서 반가웠다. 다음 날 아침에는 아이들과 만화를 보고 공원에 산책을 다녀왔다. 목사님의 둘째 딸 엘리로즈는 배가 고팠는지 내 주머니에 손을 넣고 과자가 없는지 계속 물었다. 사모님이 말씀하시길

할머니, 할아버지와 공원에 오면 늘 과자를 줘서 그렇다고 설명해주셨다.

오후에는 한국인 동생 초혜와 함께 크리스마스 선물을 사러 시내에 다녀왔다. 처음 영국에 왔을 때와 달리 이제는 너무나 익숙해진 거리다. 런던 사우스뱅크(South Bank)에 있는 크리스마스 시장도 구경하고 빅벤 앞에서 사진도 찍었다. 지하철을 타러 가는 길에는 영국 총리가 근무하는 다우닝가 10번지 앞에서 뉴스 리포터처럼 사진을 찍었는데 옆에서 지켜보시던 아주머니가 나를 참 한심하게 쳐다보셨다. 초혜와 헤어진 뒤에는 런던 어머니 마가렛과 함께 식사하면서 지난 이야기들을 나눴다. 어머니께서는 벨파스트의 생활은 힘들지 않은지, 친구들은 많이 사귀었는지 물어보셨다. 정말 어머니처럼 챙겨주셨다.

일요일에는 교회에서 피아노 반주를 하게 되어서 크리스마스 노래도 함께 하고 풍성한 점심도 같이 먹었다. 북아일랜드 교회는 상대적으로 조금 소박한 느낌이 있는데, 런던 교회는 뭔가 풍성하다. 저녁에는 중국 신문에 대만 친구 유엔의 사진이 실려서 서로 같이 기념촬영도 하고 장난도 치며 즐거운 시간을 보냈다. 그리고 목사님 댁으로 돌아왔는데 속이 안 좋았다. 이것저것 너무 많이 먹어서 그런지 소화가 잘 안 되고 배가 꾸르륵거렸다. 그걸 또 사모님은 배가 고픈 걸로 오해를 하시고 피자를 만들어 오셨다. 안 먹기도 그래서 또 맛있게 먹었다. 다 먹은 후에는 목사님과 이야기를 좀 나누다가

일찍 잠자리에 들었다.

대학생 시절 주말을 지방 집에서 보내고 다시 서울로 올라가는 기차 안에서 늘 '열심히 살아야겠다'는 생각을 했다. 벨파스트에 돌아가는 비행기에서 계속 그때 마음이 떠올랐다. '난 잘하고 있는가?', '게으름에 빠져 있지는 않은가?', '열심히 살자! 몇 날 며칠이 남을지 모르는 영국 생활 알차게 보내고 가자!'

사랑 가득한 두 번째 크리스마스

United Kingdom Working Holiday

크리스마스가 있기 전 금요일에 교회에서 캐럴 콘서트가 있었다. 일을 마치고 갔기 때문에 피곤이 어깨에 더덕더덕 붙어 있었다. 다음날인 이브에는 교회에서 각자 요리를 가지고 와서 파티를 하기로 했다고 목사님께서 말씀해주셨다. 원래는 떡볶이를 해서 갈 생각이었는데, 생각보다 아시아 슈퍼마켓에서 구매한 떡이 너무 맛이 없어서 그냥 김치 만두를 튀겨서 물엿과 섞어 가지고 갔다. 나만의 레시피인데 군만두를 물엿과 함께 살짝 볶고 견과류를 섞으면 더 달달하고 고소한 군만두가 된다.

교회에 도착하니 크리스마스 분위기가 물씬 나게 꾸며져 있었다. 그런데 청년 중에 데비라는 임신한 청년이 있었는데 의자를 막 나르고 있었다. 그래서 우리나라에서는 임신을 하면 집에서 꿈쩍도 안

하고 남편이 모든 걸 다 해줘야 한다고 했더니 너무 부러워했다. 덧붙여 만약 자정일지라도 딸기가 먹고 싶다고 하면 남편은 군말 없이 사와야 한다고 했더니 바로 남편 피터에게 딸기를 사달라고 그랬다. 사실 영국에서는 아이를 낳고 바로 퇴원해서 집에서 쉬는 경우가 많은데, 우리나라가 산후조리에 유달리 민감한 건지, 영국인은 별로 신경을 쓰지 않는 건지는 잘 모르겠다.

다들 가져온 음식을 한쪽에 놓고 파티가 시작되었다. 올해에도 크래커가 있었지만 저렴한 것을 사와서 그런지 안에 왕관도 없고 유치한 농담이나 선물도 없었다. 그래서 그냥 크래커 소리로 분위기만 냈다. 식사가 시작되자 내가 만들어온 김치만두가 모두 동이 났다. 다들 나보고 직접 만들었느냐고 물었는데, 만들어진 것을 그냥 튀기기만 한 것이라고 솔직히 말했다. 만두 만드는 것이 얼마나 어려운지 모르는 서양 친구들이다. 그러자 이번에도 어김없이 한국의 크리스마스에 관해서 물어왔다. 그래서 한국은 크리스마스에는 주로 연

인끼리 데이트를 해서 레스토랑을 예약하거나 영화를 예매해야 한다고 하니까 신기해했다.

파티가 어느 정도 마무리가 되자 나는 밖으로 나왔다. 사실 두 번째 크리스마스는 벨파스트에서 아는 사람 없이 홀로 보낼 것 같아서 해안가에 호텔을 잡고 그냥 하루 푹 쉬다가 오려고 했다. 그런데 뜻하지 않게도 같이 일하고 있던 유일한 한국인 직원 민정 누나가 선뜻 집으로 초대를 해주셨다. 민정 누나는 스코틀랜드 출신 남편 닐(Niall) 형님과 함께 벨파스트에 살고 계신다. 그래서 이브에 집에 도착해서 하룻밤 자고 크리스마스 아침부터 같이 시간을 보내기로 했다. 영국은 방 하나 정도는 늘 게스트용으로 준비해두고 있는 것 같다.

영국의 겨울은 난방을 해도 우리나라처럼 그렇게 따뜻하지 않다. 그래서 이불도 많고 담요도 많다. 도착하니 이불 속이 추울까봐 따뜻한 물이 담긴 팩이 이불 안에 들어 있었다. 세심한 배려에 감동을 받았다. 아무튼 이렇게 또 뜻하지 않게 현지 가족들과 크리스마스를

보내게 되었다. 감사한 일이다.

아침에 일어나서 가장 먼저 한 일은 서로 선물을 교환하고 풀어 본 일이다. 나도 작지만 러쉬(Lush)에서 선물을 사서 가져갔는데, 되레 너무 많은 선물을 받아서 죄송했다. 재미있었던 점은 집에 강아지 알리가 있었는데 이놈 선물도 있었다. 매년 크리스마스 때마다 선물을 준비해 주신다고 한다. 점심에는 늘 노래를 불렀던 양념치킨이 있어서 울컥했다. 그런데 사실 첫 번째 크리스마스 때도 느낀 감

정이지만, 다른 가족들과 크리스마스를 보내면 너무 잘해주셔서 감사하긴 한데 마음 한 구석에서는 외로움이 느껴졌다. 내가 사랑하는 사람들과 함께하고 나를 잘 챙겨주시지만, 정작 내가 사랑하는 가족과는 함께 하고 있지 못하다는 사실에 더 가슴이 멨다.

점심을 먹고 근처 공원으로 산책을 떠났다. 아일랜드답게 푸른색이 눈에 많이 들어왔다. 탁 트인 공원에서 잔디의 초록빛과 햇살의 황금빛을 계속 보고 있자니 부러울 것이 없었다. 알리도 신이 나서

이리저리 뛰어다녔다. 돌아오는 길에 강가에서 닐 형님이 함께 들어가 알리의 목욕도 시켜주었다. 집에 돌아와서는 매년 크리스마스 때마다 훈화 말씀하시는 영국 여왕님 방송을 함께 보았다. 어려운 이웃을 사랑해야 한다는 여왕님의 말씀에서 나는 늘 사랑을 받기만 하는 것 같아 마음속에 찔림이 있었다.

신이지만 인간을 너무 사랑해서 인간으로 낮아지기까지 한 예수의 사랑. 나도 그 사랑을 전하며 살아가는 사람이 되고 싶은 크리스마스다.

오페라
어렵지 않아요

United Kingdom
Working Holiday

토요일 주말 근무를 마치고 벨파스트에 있는 그랜드 오페라 하우스(Grand Opera House)에서 셰익스피어의 4대 비극 중에 하나로 알려진 맥베스(Macbeth)를 보았다. 오페라를 직접 본 것은 이번이 처음이었다.

스코틀랜드 왕의 장군이었던 맥베스는 전쟁에서 돌아오는 길에 세 명의 마녀에게 자신이 왕이 될 것이라는 예언을 듣게 된다. 그 이야기를 들은 레이디 맥베스는 남편 맥베스를 부추겨서 선왕을 살해하게 한다. 왕위를 얻은 맥베스는 늘 왕권을 지키기 위해 불안해했고, 레이디 맥베스는 자신의 죄 탓에 신경쇠약과 몽유병에 걸려 끝내 죽음을 맞이하고 만다. 맥베스 역시 선왕의 아들에게 죽임을 당하면서 오페라는 막을 내린다. 권력과 야망이 부른 비극적인 내용의 오페라였다. 그런데 중간에 마녀들이 아기 인형을 들고 등장하는 장면이 있었는데, 머리가 하나 떨어져서 무대 위를 돌아다니는 실수가 있었다. 그러자 뒤에 있던 다른 마녀가 무대 옆으로 툭 치면서 센스 있게 처리했다.

작은 도시이지만 오페라 하우스는 가족, 연인, 학생, 중년의 노부부 등 다양한 사람들로 가득했으며, 티켓 가격도 저렴했다. 한국의 경우 오페라를 한 번 구경하려면 10만 원이 훨씬 넘게 들지만, 이곳에서는 저렴하게 구할 수 있다. 3시간이 넘는 공연이었지만 시간이 어떻게 지나갔는지 모르겠다.

많은 곡 중에서 서곡이 가장 인상이 깊었다. 또 오케스트라가 무대 아래에 있다는 것도 이번에 처음 알게 되었다. 한편 쉬는 시간에 오페라 하우스를 둘러보니 장식에 원숭이나 코끼리 그림 등 동양적인 요소가 많이 보였다. 같이 갔던 민정 누나가 건축을 전공해서 여쭤보니 서양에서는 잘 알려지지 않은 동양적인 요소를 건축에 사용함으로써 자신들의 지식을 과시하려고 했다고 한다.

남들이 보기에 화려하고 부유한 맥베스 왕의 내면에도 어두운 과거가 숨겨져 있었듯이, 화려하고 고풍스러운 오페라 하우스 건축 양식에서도 영국인들의 식민지 정책과 원주민의 아픔을 볼 수 있었다. 겉으로 보이는 삶의 모습이 그 대상을 충분히 설명할 수 없음을 다시 한 번 느낄 수 있었던 밤이었다.

TIP-BOX

Grand Opera House(www.goh.co.uk)

2-4 Great Victoria Street, Belfast,

County Antrim BT2 7HR

+44 28 9024 1919

CHAPTER. 08

여행하기

아일랜드 여행과 지갑사건

United Kingdom Working Holiday

런던에서 같이 일했던 한국인 동생 인태가 이번에 한국에 돌아가기 전에 아일랜드를 여행하고 싶다고 연락을 해왔다. 나 역시 아일랜드에 가보지 못했던 터라 함께 여행을 가기로 했다. 아일랜드의 수도 더블린(Dublin)은 이곳 북아일랜드 벨파스트에서 기차로 2시간 정도 가면 도착할 수 있다. 늘 강조하듯이 영국은 예약을 빨리 하면 할수록 저렴해진다. 그래서 서둘러 예약해 왕복 20파운드에 예매했다.

가기 전 해안가의 진정한 피쉬앤칩스를 맛 보여 주고 싶어서 단골 피쉬앤칩스 가게에 가서 밥을 먹었다. 세인트 조지스 마켓(St. George's Market) 코너에 있는 이곳은 같이 일하는 아일랜드 동료 리암이 자주 가는 곳인데, 늘 맛있다고 이야기해서 한 번 들렀다가 그 이후로 나의 단골 가게가 되었다. 다양한 메뉴가 있지만 친구가 추천해준 스타일을 나 역시 좋아하는데, 대구(Cod)에 카레 소스와 치즈를 함께 올려 먹으면 기가 막힌다. 감자튀김은 따로 주문하지 않아도 대구를 주문하면 함께 조금 넣어주는데, 그 양이 한 사람이 먹기에 충분하다. 가격은 콜라 포함해서 6파운드 정도인데 런던이나 다른 지역의 10파운드 넘는 피쉬앤칩스보다 생선 크기와 두께가 두 배다.

밥을 든든하게 먹고 12시 30분 기차에 몸을 실었다. 가는 길 창밖으로 펼쳐지는 초원과 풍경은 그대로 아일랜드 엽서가 되었다. 기차 안은 와이파이도 가능해서 영국령을 벗어나도 편리하게 인터넷을 사용할 수 있었다.

아일랜드의 수도 더블린에 도착하니 처음 보는 글씨가 영어와 함께 쓰여 있었다. 아일랜드의 또 다른 언어 게일어였다. 게일어는 표지판이나 안내판 등 곳곳에 영어와 함께 표기되어 있었다. 그런데 날씨가 조금 흐려서 그랬을까. 도시 전체가 회색빛이 돌았다.

역에 내려서 굳이 버스나 택시를 타지 않아도 15분 정도 걸으면 시내로 들어갈 수 있다. 가고 싶은 곳은 몇 곳이 있었지만 일단은 천천히 지나면서 구경하자고 했는데, 우연히도 템플 바(The Temple Bar)를 바로 발견할 수 있었다. 템플 바는 더블린에서 가장 유명한 펍으로, 160년 이상 된 역사 깊은 펍이다. 관광객들이 많아 들어가려면 줄을 서야 한다고 했으나 겨울이고 비수기라 그런지 자리는 여유가 있었다. 더블린의 공식 맥주인 기네스를 주문했는데 정말 부드러웠다. 라이브로 아일랜드의 음악도 들으니 모처럼 제대로 된 여행을 온 것 같았다. 밖으로 나오니 더블린은 이미 밤으로 변해 있었다. 더블린의 밤은 낮보다 더 예술적이고 아름다웠다. 주황빛의 조명이 가게와 거리를 더 아름답게 해주고 있었는데 네온과 안개, 예술적인 그래피티들이 섞여 영화 속에 있는 듯 했다.

구경을 마치고 식당에 가서 저녁 식사를 하기로 했다. 이곳에 오기 전 아일랜드 친구들에게 더블린에서 어떤 음식을 먹어야 하는지 물어보니 '아이리시 스튜'를 추천해줬다. 그런데 주문 후 나온 스튜를 보니 생각보다 양이 적어 보였다. 남자 둘이 먹으면 금방 사라질 것 같았으나 그릇 안쪽에 고기가 가득 차 있어 생각보다 양이 많았다. 연어 파스타와 함께 먹었는데 약 30유로 정도가 나왔다. 특유의 양고기 냄새를 싫어한다면 대학가에서 소고기로 만든 스튜를 먹어보는 것도 괜찮을 것 같다. 식사를 마친 후 우리는 비가 와서 더는

구경하지 못하고 일찍 예약해 두었던 호스텔로 이동했다.

아일랜드에서는 1박 2일 동안 머무르기로 했다. 당일로도 가능한 도시이지만 오후 늦게 도착했고, 한국인 동생도 있어서 하루 묵고 천천히 돌아보기로 했다. 그런데 이 더블린 호스텔 정말 대박이었다. 제너레이터(Generator)라는 호스텔이었는데, 내가 가본 호스텔 중에서 가장 시설 좋고 감각적인 인테리어에 가격도 너무 저렴했다. 8인실이 하룻밤에 10유로 정도 되었는데 1층에는 스낵바와 펍, 게임 테이블 등 없는 것이 없었다. 공장을 개조해서 만든 이 호스텔은 런던에도 지점이 있다. 그런데 이곳 더블린이 최고의 시설인 듯하다.

호스텔을 나와 아침 먹을 곳을 찾아 떠났다. 아는 친구가 아이리시 아침을 먹어봐야 한다면서 추천을 해주었기 때문에 아이리시 아침 식사가 가능한 식당을 찾아 떠났다. 우리는 박물관 가는 길에 오래되어 보이는 펍을 발견하고 안으로 들어갔다. 다행히 아이리시 아침 식사가 가능하다는 주인 할아버지의 말씀에 자리를 잡고 앉았다.

주위를 둘러보니 이미 기네스 한 잔씩 하고 계신 할아버지 두 분이 계셨고, 여행객으로 보이는 듯한 두 명이 모닝커피를 마시고 있었다. 아침 식사는 미니(Mini)와 풀(Full)이 있다고 선택하라고 하셨는데 그냥 간단하게 미니로 먹기로 했다. 가격은 6유로 정도였다. 먼저 차가 나오고 다음으로 식사가 나왔는데, 생각보다 풍성하게 나와서 다시 한 번 런던 물가가 정말 비싸다는 사실을 깨달았다. 한편 아이리시 아침이 잉글리시 아침과 다른 점이 있다면 블랙 푸딩과 화이트 푸딩이 있다는 점이었다. 블랙 푸딩이나 화이트 푸딩은 소 피를 굳혀서 만든 음식으로 내장, 심장, 허파 등으로 만든 하기스와 함께 스코틀랜드와 아일랜드를 대표하는 음식이다.

2일 차에는 아침 식사를 마치고 예술 · 역사박물관을 구경한 뒤 메인 관광지인 기네스 공장에 도착했다. 나는 맥주를 즐겨 먹는 편은 아니지만, 그래도 더블린까지 왔으니 구경을 하기로 했다. 낮은 층부터 높은 층으로 올라가면서 맥주가 만들어지는 과정을 순서대로 보여주는 이 공장은 방문객들이 참여할 수 있는 다양한 전시들이 많이 있었다.

중간 중간 해리포터 영화에서처럼 초상화 아저씨께서 자꾸 말을 건네고 이야기를 해주셔서 신기했다. 그리고 시대별 광고 변천사를 소개하는 부분에서는 광고 속 주인공처럼 사진을 찍을 수 있는 장소가 있었고, 뉴미디어를 이용해서 전시물에 참여하는 공간도 있었다. 테스트실에서는 기네스를 가장 맛있게 마시는 방법을 소개하면

Generator

My Goodness -
My GUINNESS

서 팔을 90도로 만들어야 한다고 제안했다. 특별히 달라지는 것은 잘 모르겠지만, 팔을 90도로 해야 기네스의 참된 맛을 느낄 수 있다고 한다. 또 쉐프님이 기네스로 만든 연어 요리와 초콜릿을 함께 주시며 기네스로 활용할 수 있는 요리 레시피를 소개해주셨다.

우리는 가장 최고층으로 올라가기 전에 펍에서 식사를 했는데, 기네스로 만든 스튜, 기네스로 만든 빵, 기네스로 만든 햄버거를 먹었다. 밖의 더블린 시내를 바라보면서 한국에 가면 정말 그리워하게 될 순간이라면서 서로 감동하며 식사를 했다.

최고층에는 기네스 바가 있는데, 입장권과 함께 받은 시음 티켓을 사용할 수 있다. 또한 전체가 통유리로 되어 있어서 더블린 시내를 동서남북 다 볼 수 있다. 천장은 더블린의 하얀 거품을 형상화해서 구멍이 나 있는 것이 특징이다. 우리는 공장에서 막 나온 기네스를 마시며 더블린 여행의 일정을 마무리하였다.

공장을 나오니 이미 해는 저물어 초저녁이 되어 있었다. 집으로

가는 기차가 8시 50분이었기 때문에 시간이 여유가 있어 영화 '원스(Once)'의 촬영지인 대학가를 가보기로 했다. 저녁이라 공원 입구는 이미 닫혀 있었기 때문에 메인 골목 옆쪽에 있는 레스토랑 거리에서 식사하기로 했다. 식사를 마친 후 우린 내일 아침 식사에 쓸 찬거리를 좀 사고 역으로 향했다. 1박 2일이라는 짧은 시간이었지만 더블린 시내가 워낙 작아서 충분히 둘러보고 즐길 수 있었다. 벨파스트에 도착 후 피곤한 몸을 이끌고 집으로 들어온 순간 패닉에 빠지고 말았다.

지갑이 없었다.

분명 기차 안에서 지갑을 확인한 기억까지는 있는데, 그 다음은 생각이 나지 않았다. 돈도 돈이지만 신분증이며 은행카드며 중요한 것들이 가득 들어 있었다. 역으로 다시 가보았지만 우리가 타고 온

기차가 마지막 기차라서 바로 차고로 들어가 있었고, 역은 이미 문을 닫은 상태였다. 어떻게 해야 하나 정말 막막했지만, 동생도 있고 해서 그냥 괜찮다고 말하고 집으로 돌아가서 쉬기로 했다.

아침에 일어나서 우리가 한 번 영국식 아침 식사를 만들어 보자며 만들었는데 이건 완전 만찬이었다. 그렇게 맛있게 식사를 마친 후에는 간단하게 벨파스트 시내를 돌아보았다. 회사 바로 옆 자주 가는 카페와 식당에 가서 차와 밥을 마시고, 즐거웠던 여행을 마무리 지었다. 동생이 런던으로 돌아간 뒤 집에 돌아오니 지갑이 다시 걱정되었다. 어찌해야 하나 하고 있던 찰나에 런던 목사님에게 연락이 왔다.

"Ki. 지갑 잃어버렸어?"

나는 지갑 잃어버린 건 방금 런던으로 떠난 한국인 동생밖에 모르는데 어떻게 아신 건가 해서 깜짝 놀랐다.

목사님께서 내가 지갑을 잃어버린 것을 알게 되신 경위는 이렇다. 런던교회에 처음 갔을 때 목사님 역시 처음 부임을 하셨는데, 그때 당시 목사님 어머니께서 반갑다면서 인사를 해주셔서 같이 이야기를 나누었었다. 내가 스코틀랜드도 꼭 가보고 싶다고 하니 다음에 올 기회가 있으면 꼭 놀러 오라고 하시면서 목사님 어머니댁 주소와 연락처를 적어주셨다. 나는 그 주소를 지갑 속에 보관하고 있었다.

그리고 내가 지갑을 잃어버린 그 날, 차고로 바로 들어간 기차 안에 있던 내 지갑은 어떤 사람에 의해서 분실물 센터로 들어갔고, 그 쪽지를 보고 직원이 런던 목사님의 어머니께 연락한 것이었다. 직원은 "여기 벨파스트 분실물 센터인데 남편분의 지갑을 보관하고 있습니다. 찾아가세요."라고 말했다고 한다. 목사님 어머니는 남편은 지금 스코틀랜드에 자기와 함께 있는데 무슨 소리 하시는 것이냐고 물었고, 나의 이름을 확인한 어머니께서는 런던 목사님께 연락을 주신 것이었다.

덜렁거린 것이 민망하면서도 이런 우연이 신기하기도 하고 감사하기도 했다. 분실물 센터에 가서 지갑을 찾고 보니 돈 30파운드 정도는 사라졌지만, 다른 카드나 신분증은 그대로 있어서 다행이었다. 이 사건 이후 교회 식구들과 식사를 할 때마다 지갑 사건이 주요 대화 소재가 되었다.

TIP-BOX

아일랜드 주요 관광지

The Temple Bar
47-48 Temple Bar, Dublin 2 / +353 1 672 5286

Guinness Storehouse(www.guinness-storehouse.com)
St James's Gate, Dublin 8 / +353 1 408 4800

Generator Hostel Dublin(generatorhostels.com)
Smithfield, Dublin / +353 1 901 0222

재난영화 같았던 스코틀랜드 여행

United Kingdom
Working Holiday

팀 매니저가 3월 전에 13일 남은 휴가를 다 사용해야 한다고 해서 그동안 너무 가고 싶었지만 미루어 왔던 스코틀랜드 여행을 다녀오기로 했다. 마침 교회 한국 동생 지현이가 하이랜드(Highland)로 등산을 가고 싶어 해서 동행하게 되었다. 동생은 런던에 있었고 나는 벨파스트에 있었기 때문에 글래스고(Glasgow)에서 만나기로 했다. 내가 영국에서 제일 좋아하는 영어 억양이 에식스(Essex) 지역과 글래스고 지역 억양이다. 두 지역 모두 정말 독특하고 이해하기 어려운 억양이지만, 나는 왠지 그 억양에 매력을 느꼈다. 그런 글래스고에 도착하니 기분이 두근거렸다. 식사는 무얼 할까 하다가 동생이 하기스를 한 번도 먹어보지 못했다고 해서 펍에 가서 하기스를 아침으로 먹기로 했다. 그리고 휴대전화가 충전이 안 되어 있어서 바로 옆에서 충전하면서 식사를 했다.

그런데 사건이 터지고 말았다. 식사를 마치고 휴대전화를 챙기지 않고 나온 것이다. 한 30분 정도 걸었을까? 갑자기 충전 중인 휴대전화가 생각이 나 다시 펍으로 찾으러 갔다. 그런데 그 사이 휴대전화가 사라졌다. 아침 시간대라 사람도 창가에서 신문을 읽고 계신 할아버지 한 분이 전부였는데, 그 사이 휴대전화가 사라졌다. 담당 매니저에게 이야기를 해보았으나 보지 못했다는 대답뿐이었다. 어떻게 해야 하나 하면서 나가지도 못하고 펍에서 서성거렸다. 그러던 중 CCTV를 발견해 매니저에게 CCTV 좀 돌려 볼 수 있느냐고 물어보았다. 매니저는 잠시 기다리라는 말을 하고 사무실로 들어갔다. 조금 지났을까. 아까 옆에서 신문을 보고 계시던 할아버지가 옆에서 주웠다면서 충전기로 잘 감겨 있는 내 휴대전화를 나에게 건네주셨다. 그렇지만 충전기 연결 부분이 뜯어내려고 했었는지 망가져 있었다. 할아버지에게 가서 따지고 싶었지만, 행색이 초라해 보이고 보상을 받을 수 있을 것 같지는 않아서 그냥 조용히 펍을 나왔다. 화도 나고 짜증도 났지만 여행을 망치고 싶지는 않았다.

글래스고는 잠깐 거치는 도시였고 등산을 하기 위해서는 인버네스(Inverness)라는 도시로 더 올라가야 했다. 인버네스로 가는 버스는 저녁 6시 반에 있었기 때문에 오후 시간에는 글래스고를 구경했다. 처음 방문한 곳은 유명 건축가 매킨토시(Mackintosh)가 디자인한 빌딩이었다. 예술 학교 건물로 사용되는 이곳은 건축물 자체만으로도 가치를 지니는 유일한 미술학교라는 명성을 얻고 있다. 일본에서 영감을 많이 얻었다고 알려진 매킨토시 빌딩답게 일본적인 색채를 곳곳에서 느낄 수 있었다. 하지만 최근 화재가 발생해서 큰 손실을 입었다니 안타까울 따름이다.

빌딩을 뒤로 하고 글래스고 켈빈그로브 미술관 및 박물관(Kelvingrove Art Gallery and Museum)에 다녀왔다. 입구에서부터 들려오는 오르간 소리와 메인 홀의 아름다움에 잠시 넋을 잃고 말았다. 이곳에는 매킨토시의 작품들도 있었고, 개인적으로 별로 마음에 들지는 않았지만 사람 얼굴 모양의 전시들이 천장을 가득 메우고 있었다. 이곳에서 제일 보고 싶었던 작품은 살바도르 달리의 '십자가의 성 요한의 그리스도'라는 작품이었다. 초현실주의 화가인 달리의 이 그림은 구도적으로 묘한 인상을 주었다.

엽서 한 장을 구매해서 뒤쪽에 있는 글래스고 대학에 올라갔다. 이런 고풍스러운 건물에서 공부하는 학생들은 얼마나 축복받은 아

이들일까. 부러운 마음이 들었다. 그러던 중 조금씩 눈이 내리기 시작하더니 이내 엄청나게 많은 눈이 쏟아져 내리기 시작했다. 그 해 처음 본 눈이었다. 눈을 피해 예술학교 옆에 있는 작고 아늑한 카페로 들어가 몸을 녹였다. 그리고 다시 버스를 타고 우리의 최종 목적지로 향했다.

인버네스는 하이랜드의 주 도시이다. 스코틀랜드 중에서도 북쪽에 있기 때문에 정말 춥다. 글래스고에서는 버스로 약 4시간 정도 걸렸다. 호스텔이 많지 않아서 버스 터미널 옆에 있는 곳으로 예약했는데 문을 열자마자 기절할 뻔했다.

발 냄새가 진동했다.

근처의 다른 호스텔이 공사 중이라서 그곳에 묵고 있던 근로자들이 이곳으로 잠시 왔다고 한다. 정말 방향제를 미친 듯이 뿌렸지만,

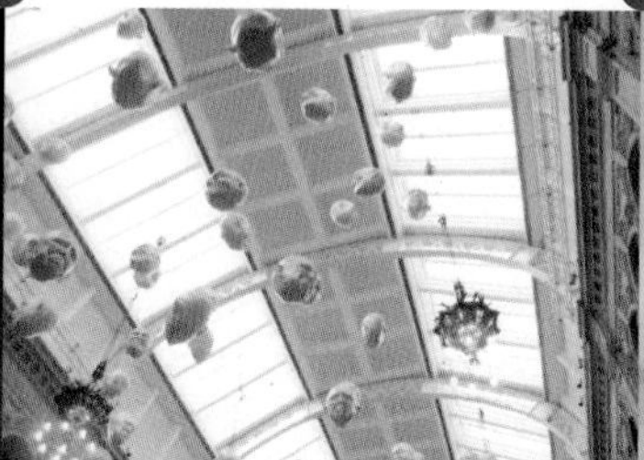

소용이 없었다. 그렇게 냄새와 추위와 싸움을 하면서 첫날밤을 보냈다. 피곤했던 터라 둘 다 11시까지 늦잠을 자고 아침 겸 점심을 먹었다. 메뉴는 각자 가지고 온 한국 음식이었다. 나는 만두를 튀기고 동생은 김치 부침개를 만들었다. 스코틀랜드까지 와서 아침부터 김치 부침개를 먹고 있는 우리가 웃기기도 했지만, 맛은 기가 막혔다. 다 먹은 후에는 천천히 마을 구경을 했다. 아기자기한 도로와 건물들이 너무 매력적으로 다가왔다. 거리에서 버스킹하는 아저씨의 모습도 그 자체로 예술이었다.

이곳에 온 이유는 등산하러 온 것도 있었지만, 나의 지갑을 찾아주신 목사님의 어머니를 만나기 위해서이기도 했다. 지갑 사건 이후 어떻게 시간이 맞아서 스코틀랜드에 바로 여행을 올 수 있게 된 김에 찾아뵙고 같이 식사를 하기로 했다. 그런데 생각보다 날씨가 많이 좋지 않아 비가 내리기 시작했다. 학교에서 음악을 가르치고 계시는 어머님은 수업이 있으셔서 오후 늦게 만났다. 날씨가 좋지 않았지만 그래도 구경을 시켜 주시겠다고 우리를 어딘가로 데리고 가셨다.

도착하니 거대한 호수가 보였다. 바로 괴물 네스가 출몰한다던 그 '네스 호(Loch Ness)'였다. 방송과 책으로만 보던 곳을 직접 눈으로 보고 있자니 신기하기도 했고, 명성과 달리 평화로운 모습에 놀랍기도 했다. 날씨는 안 좋았지만 나름 안개와 구름으로 가려진 호수의 모습은 매력이 있었다. 호수 구경을 마친 후에는 좀 더 외곽지역을

둘러본 뒤 레스토랑에서 저녁을 먹었다. 장작불이 지펴지고 있는 아늑하고 따뜻한 레스토랑이었다. 식사 후에는 목사님 어머님 댁으로 가서 디저트를 먹었다. 아버님도 계셔서 인사를 드리고 이런저런 이야기를 나눴는데 역시나 지갑 사건 이야기가 나왔다. 그래서 아침에 있었던 휴대전화 사건도 말씀 드렸다.

아버님은 과학 선생님이시고, 역사와 독서, 프랑스어를 좋아하셨다. 나 역시 프랑스어를 좋아하고 프랑스 여행을 가보고 싶었던 터라 여러 말씀과 조언을 많이 들을 수 있었다. 아버님께서는 얼마나 프랑스를 좋아하시는지 거실에 있는 탁자도 직접 프랑스 지도 형태로 제작하셨고, 프랑스에 별장도 가지고 계시다고 했다. 그렇게 이런저런 얘기를 나눈 후 다시 숙소로 돌아왔다. 다음날은 등산을 가기로 한 날이었기 때문에 씻고 방향제를 가득 뿌린 후 잠자리에 들었다.

인버네스에서 가장 유명한 등산 코스는 케언곰(Cairngorms) 국립공원이다. 인버네스에서 기차로 한 정거장에 위치한 애비모어(Aviemore)에서 가면 된다. 원래는 역에서 버스를 타고 가야 하지만 우리는 시간도 많고 해서 천천히 걸어가 보기로 했다.

걷다 보니 물도 맑고 공기도 아주 좋았다. 그런데 둘 다 걷는 것 하나는 자신이 있었지만 3시간 정도 걸어가다 보니 땀으로 옷은 다 젖고, 춥고 지쳐서 등산 전에 힘이 다 빠지고 말았다. 그래서 근처에 카페가 있는 것을 발견하고 몸을 녹이면서 재충전을 했다. 갖고 온 지도로 어느 정도 왔나 보니 절반 정도밖에 못 왔다. 그래서 동생이 조금 걸으면서 히치하이크로 입구까지 가자고 그랬지만, 차도 잘 안 오고 조금만 가면 나올 것 같아서 계속 달래며 걸었다. 그런데 나 역시 너무 지쳐서 코너까지만 돌면 봐서 히치하이크를 할 생각이었다.

그런데 웬걸. 코너를 돌자 바로 국립공원 입구가 나왔다. 그런데 날씨 때문인지 차량진입이 금지되어 있었다. 그래도 사람들은 내려오고 있어서 우리는 천천히 올라가기로 했다. 멀리 보이는 산과 경치는 정말 최고였다. 사진으로는 다 담을 수 없는 모습이었다. 우리는 신이 난 강아지처럼 눈밭에 누워 뒹굴며 놀았다. 처음에는 올라가면서 스키 장비처럼 입고 하산하는 사람들을 보면서 이런 산을 등산하는데 뭐 저렇게까지 입느냐면서 한국의 거대한 산들을 경험해

Loch Ness

봐야 한다고 속으로 생각했다. 사실 이곳 산은 한국처럼 가파르기보다는 완만한 언덕 같은 느낌이 더 강했다. 그런데 이런 자부심과 자만은 점점 올라갈수록 사라져 갔다. 눈보라가 정말 거세지더니 이제는 몸조차 가누기 힘들 정도가 되었다.

멀리서 또 스키 장비와 같은 등산복을 입고 하산하는 사람들이 보이기에 정상까지는 얼마나 걸리는지 여쭤보았다. 그랬더니 우리처럼 장비가 없으면 정상에 절대 못 간다고 말씀하시면서 눈보라가 심해지니 어서 내려가라고 하셨다. 아닌 게 아니라 정말 눈보라가 더 강하게 불고 있었다. 그래도 조금만 올라가 보자면서 올라갔는데 무슨 재난영화 한 장면에 와 있는 줄 알았다. 눈보라 때문에 앞도 잘 안 보이고 몸은 휘청거려 폐가처럼 보이는 곳으로 가 잠깐 몸을 보호했다. 주위에 사람은 아무도 없었고 눈보라만 거세게 불고 있었다. 아쉽지만 이러다간 위험하겠다 싶어서 내려왔다.

다행히 몸을 녹였던 카페 앞에 바로 버스가 와서 오래 기다리지 않고 역으로 돌아올 수 있었다. 등산하는 동안 천 운동화를 신고 산을 올랐더니 양말이며 신발이며 다 젖어 있었다. 그래서 등산이 끝난 뒤 바로 등산화를 구매했다. 호스텔로 돌아와서는 허기가 져서 라면 먹고 게임 좀 하다가 바로 잠이 들었다. 그렇게 우리의 미친 등산은 끝이 났다.

동생을 아침에 먼저 보내고 나는 저녁 비행기라서 시간이 조금 있었지만, 등산의 여파가 컸는지 아무 것도 하기 싫었다. 그래서 시내

한 바퀴 돌고 바로 공항에 가서 책을 읽으면서 비행기를 기다렸다. 벨파스트에 도착하니 집으로 가는 발걸음이 너무나 가벼웠다. 역시 집 나가면 고생임을 다시 느끼게 해준 여행이었다. 이제 벨파스트도 내 집이 되어가는 것 같다.

Home at last!

TIP-BOX

스코틀랜드 주요 관광지

Kelvingrove Art Gallery & Museum(www.glasgowlife.org.uk)
Argyle Street, Glasgow G3 8AG
+44 141 276 9599

The Glasgow School of Art / MacKintosh Bldg
167 Renfrew Street, Glasgow G3 6RQ
+44(0) 141 353 4500

파리에서 보내는 20대 마지막 생일

United Kingdom
Working Holiday

영국 생활 동안 해야 할 일을 적은 나의 목록 중에서 중요한 것 중 하나는 파리에서 생일 보내기였다. 생일이 되는 자정에 에펠탑 앞에서 케이크와 초를 불고 자축을 할 것이라는 계획을 세웠었다. 그런데 첫 생일에는 와사비에서 일하느라 그 계획을 실현시키지 못했다. 그때는 영국에 온 지 얼마 되지도 않았고, 파리에 갈 돈도 없었다. 그리고 드디어 영국에서 보내는 두 번째 생일, 꿈처럼 파리에 갈 수 있게 되었다.

내가 파리에서 생일을 보내는 꿈을 갖게 된 것은 프랑스어에 관심을 갖게 되면서부터이다. 프랑스어에 관심을 두게 된 것은 고등학교 때 제2외국어로 선택하면서부터였다. 당시 이과-불어 반은 한 반밖에 없어서 신청하면 친한 친구들이 모두 한 반이 되어 3학년까지 같이 갈 수 있었다. 당시 피아노과를 준비하고 있던 나는 문과를 가야 했지만, 친구들과 함께 지내고 싶어 이과-불어 반을 선택했다. 당시에는 프랑스어가 그냥 신기한 외계어처럼 들렸다. 그러다가 대학에 와서 교양 과목으로 프랑스어를 들으면서 프랑스어와 프랑스 문화에 대해 매력을 느꼈다. 또 영국에 와서 다양한 프랑스 친구들을 만나면서 프랑스에 대한 사랑이 깊어졌다.

파리에 온 김에 런던에서 같이 일했던 프랑스 친구 케빈이 파리에서 지내고 있다고 하여 겸사겸사 보기로 했다. 숙소로 지냈던 곳은 몽마르트 언덕 근처에 있는 곳이었는데, 조금은 위험한 동네라고 한다. 사실 드골 공항에 내려서 버스를 타고 시내로 들어오면서 흑인 밀집구역을 확인할 수 있었다. 과거 인종차별적인 정책들 때문에 도심은 대부분 백인이, 외곽지역은 흑인들이 거주하는 형태가 되었다고 한다. 버스에서 내려 숙소까지 걸어가는 길에 우리나라 판자촌과 같은 지역을 지나게 되었다. 악취가 진동하는 곳임에도 사람들이 모여 살고 있었다. 파리의 낭만을 기대했던 것과 달리 파리의 첫인상은 사회적 불평등이었다.

이번 여행은 큰 관광지를 제외하고는 그렇게 자세히 일정을 세우지 않았다. 그래서 다음날 일어나 천천히 몽마르트 언덕으로 올랐다. 파리에서 받는 파리만의 분위기는 건축 양식들과 도로에서 오는 것 같다. 베이지 빛이 도는 건축물의 색과 방사형으로 이루어진 도로들이 파리만의 느낌을 만들고 있었다.

몽마르트는 낮보다 밤이 더 아름다운 곳이다. 저녁에는 위험하다는 말이 있지만, 난 숙소가 바로 몽마르트 근처라 쉽게 저녁 시간의 아름다운 모습을 볼 수 있었다. 주황빛의 조명이 가득한 레스토랑들을 보고 있자니 괜히 몽환적인 기분마저 드는 것 같았다.

그리고 말로만 듣던 노트르담 성당도 들어가서 유명한 장미 장식의 창도 구경하고 기도도 했다. 안내판에는 한국어도 볼 수 있었는데, 괜히 기분이 좋아졌다. 하지만 화장실 앞에는 돈을 받는 흑인 누나들이 많았고, 길거리를 다닐 때마다 돈을 한 푼이라도 얻어내기 위해서 갖은 노력을 하는 중동계, 흑인계 사람들이 많이 있었다.

성당을 나와 다리를 건너니 셰익스피어 가게로 알려진 유명한 책방이 있었다. 책방 안에는 피아노도 있었는데 어떤 사람이 연주하고 있었다. 피아노를 보니 또 손가락이 근질거려 앞선 사람이 떠나자 바로 피아노에 앉았다. 피아노 위에 있던 악보를 보면서 이리저리 치고 있었더니 금세 사람들이 뒤에 모여들었다. 서점과 피아노는 안 어울릴 것 같은 조합이지만 파리만의 감성으로 조화를 이루고 있었다.

에펠탑을 보러 가는 길에 가게에 들러서 작은 타르트 케이크를 구입했다. 그리고 에펠탑 밑에서 정말 꿈같은 생일을 맞이했다. 밤에 또 다시 에펠탑을 찾았는데 조깅하는 사람들을 많이 볼 수 있었다. 어떤 사람에게는 평생토록 가보기를 꿈꾸는 도시이지만 어떤 사람에게는 일상의 한 부분임을 생각하니 뭔가 아이러니하게 느껴졌다.

저녁에는 프랑스 친구 케빈을 오랜만에 다시 만났다. 와사비에서

SHAKESPEARE
AND COMPANY
SHAKESPEARE

같이 일하면서 친해진 친구인 케빈은 경제학 석사를 전공하고 영어 공부 때문에 여자친구와 함께 런던에서 지냈었다. 원래는 여자친구도 함께 만나려고 했으나 같이 안 나왔기에 물어봤더니 싸웠다면서 표정이 어두웠다. 무엇을 먹을까 하다가 분수 옆에 있는 먹자골목 같은 곳에서 퐁듀를 먹기로 했다. 치즈를 완전히 좋아하는 나에게는 정말 최고의 메뉴였다. 프랑스식 퐁듀는 한 가지 치즈를 사용하는 것이 아니라 여러 치즈를 함께 섞어서 사용한다. 애피타이저로는 달팽이 요리가 나왔다. 처음 먹어보았는데 뭔가 골뱅이 같은 맛이었다. 이야기를 나누다 보니 정말 시간이 빠르게 지나갔다. 그런데 뒤쪽 테이블에 한국 청년으로 보이는 사람이 밥을 혼자 먹고 있었다. 홀로 여행을 하는 듯이 보였는데 괜히 마음이 짠했다. 영국에 처음 와서 혼자 밥을 먹으며 보냈던 시간들이 주마등처럼 머릿속을 지나갔다.

식사를 마치자 케빈이 자기가 공부했던 소르본 대학교를 구경시켜주겠다면서 대학가로 안내했다. 더 많은 곳을 보여주고 싶어 했지만, 시간도 늦고 일행도 있었던 터라 일찍 집으로 돌아왔다.

원래 이곳에는 일행 한 명과 함께 왔었는데 개인적인 사정으로 먼저 영국으로 돌아갔다. 그리하여 둘째 날부터 나 혼자 파리에 남아 여행을 하게 되었다. 이 아름다운 도시에 혼자 있다는 사실 때문에 기분이 조금 우울해졌지만, 그래도 긍정적으로 생각하면서 숙소를 나왔다.

먼저 찾아간 곳은 루브르 박물관이었다. 박물관 쪽으로 다가가니 정말 어마어마한 규모의 건물들이 많았다. 박물관은 줄이 생각보다 너무 길어서 기다리고 싶지 않아 겉에서 슬쩍 보고 그냥 나왔다. 유명한 전시품들이 많이 있었겠지만, 그것들보다는 살아 움직이고 있는 파리를 더 느끼고 보고 싶었다. 나는 루브르에서 나와 샹젤리제 거리를 지나 개선문에 도착했다. 명품 관광 거리이다 보니 많은 관광객이 지나고 있었다. 난 관광객이 없는 파리를 느끼고 싶었다. 그러던 중 개선문 반대편 멀리 개선문과 똑같은 구조물이 눈에 들어왔다. 개선문을 지나 멀리 빌딩 숲 사이에 있었는데 자연스럽게 발길이 그곳으로 향하고 있었다. 지하철을 타고 갈까 하다가 날씨도 따뜻해서 천천히 걸었다.

3월의 파리는 이미 봄이었다.

그렇게 도착하니 개선문과 모양은 같으나 현대적인 느낌의 건축물이 보였다. 비즈니스 지구인 듯 많은 직장인이 점심을 먹기 위해 공원에 나와 있었다. 잠시 구경을 하고 천천히 중심가로 돌아와 다시 에펠탑을 찾았다. 지난번에는 에펠탑을 아래에서 봤다면 이번에는 멀리서 전체적으로 바라보고 싶었다. 안개가 낀 듯이 하늘이 조금은 흐렸지만, 그래도 에펠탑은 아름다웠다.

그렇게 감성에 빠져있을 때 어떤 아름다운 프랑스 여학생이 나에게 말을 걸어왔다.

"관광 오셨나요? 제가 학교에서 낸 과제를 하고 있는데 잠시 설문조사에 참여해 주시겠어요?"

내용을 보니 중국인 관광객들이 프랑스에 오는 경위와 목적 등에 관한 내용이었다. 나는 중국인이 아니라고 대답했지만 크게 상관이 없다고 했다. 설문조사를 마치고 돌아서려는 찰나 여학생은 교수님께 인증사진을 함께 보내야 한다면서 같이 사진을 찍자고 했다. 나는 같이 사진을 찍어주고 나 역시 기념으로 하나 가질 수 있느냐고 물었다. 그렇게 생각지도 못한 프랑스 여학생과의 사진을 얻었다. SNS에 올리니 영국과 한국 친구들이 다 여자친구냐고 물었지만, 괜히 아니라고 말하고 싶지 않았다.

파리의 밤은 정말 아름다웠다.

식당을 제외한 대부분의 상점은 문을 닫았지만 와인을 마시며 친구들 혹은 가족들과 즐거운 시간을 보내는 파리 사람들이 참 행복해 보였다. 그러나 너무 어두워졌던 터라 지하철을 타고 집으로 가기로 했다. 처음 지하철을 타보는 거라 어떻게 해야 할지 감이 잘 오지 않았다. 직원에게 물어보니 영어를 잘하지 못해 그저 기계만 가리켰다. 하지만 나는 기계 사용에 애를 먹었다. 그래서 그냥 걸어서 집으로 가기로 했다. 일단 몽마르트 근처니까 몽마르트가 보이는 방향으로 무작정 걸었다. 밤늦게 돌아다니는 것은 별로 좋지 않은 행동이

었지만, 최대한 빠르게 이동했다. 몽마르트의 밤 풍경에 감탄하면서 숙소를 계속 찾았는데 어디가 어딘지 알 수가 없었다. 한 시간 정도 헤맨 뒤에야 겨우 숙소로 다시 돌아올 수 있었다.

마지막 날은 런던 목사님께서 추천해 주신 마레 지구(Le Marais)를 갔다. 이곳은 예술적인 느낌이 가득한 공간이었다. 한국인들에게도 잘 알려진 곳이라 그런지 정말 곳곳에서 한국어를 들을 수 있었다.

프랑스 아침 거리의 특징이 있다면 카페에서 에스프레소를 마시면서 노트에 무언가를 적는 사람들이 참 많다는 사실이다. 사실 프랑스에서는 아메리카노보다 에스프레소를 더 많이 마신다. 커피를 달라고 하면 당연히 에스프레소를 내온다. 그리고 정말 바게트를 많이 먹는데 3일 연속 바게트를 먹으니 턱이 나가버리는 줄 알았다. 마레 지구를 돌던 중 어떤 꼬마 아이가 아이스크림을 맛있게 먹기에 매장에 따라 들어가 주문을 했다. 그리고 아이스크림을 먹으며 가게들을 구경하고 공원이 보이는 레스토랑에서 점심을 먹었다.

프랑스 사람들의 또 다른 특징 중에 하나는 남자들이 머플러를 참 많이 사용한다는 점이다. 벨파스트 회사에도 프랑스 친구 몇몇이 늘 머플러를 목에 감고 다녔는데, 그 친구들만 그런 것이 아니라 대부분의 프랑스 남자들이 그렇게 하고 다녔다. 자전거 역시 많이 이용하는 교통수단인 것 같았다.

영국으로 돌아가기 위해 다시 공항으로 돌아와서 환전한 남은 유로들로 저녁을 먹었다. 그런데 입을 닦는다고 휴지를 썼는데 피가 묻어 있었다. 입술이 기어코 터지고야 만 것이다. 첫 파리 여행이라서 그런지 욕심이 있었던 것 같다. '첫 여행지가 아니었다면 좀 더 여유롭게 여행을 즐길 수 있었을 텐데'라는 누군가의 말이 계속 머릿속을 떠나지 않았다.

여유도 선택이다

United Kingdom Working Holiday

교회 식구들과 함께 근교에 있는 'The Argory'라는 곳에 다녀왔다. 내셔널 트러스트(National Trust)에 등록된 빅토리안 시대의 저택과 정원이다. 식당이 작아서 두 팀으로 나눠서 저택 먼저 볼 팀과 식사 먼저 할 팀으로 나눠서 움직였다. 우리 팀은 저택을 먼저 둘러보게 되었다. 이 집의 원래 소유주는 법조계 출신이라고 한다. 빅토리아 시대부터 판사, 검사, 변호사로 활동한 집 주인들의 저택이라서 그런지 장식들이 화려하고 여러 나라에서 가져온 기념품, 선물들도 많았다.

저택을 둘러보고 샌드위치로 간단하게 식사를 했다. 같이 식사한 친구들은 이탈리아 친구들인데 다 나와 같은 회사에서 일한다. 알고 만난 건 아니고 벨파스트가 좁고 근무하고 있는 회사가 좀 규모가 커서 이렇게 만나게 되는 경우가 종종 있다.

밥을 먹고 2시간 정도의 자유시간이 주어졌다. 각자 편안하게 산책하면서 시간을 보냈다. 아침에는 비가 살짝 오고 흐려서 좀 걱정이 되었지만, 오후가 되니 날씨가 좋아졌다. 그래서 오랜만에 도시에서 벗어나 숲속을 거닐었다. 강가에 나무로 만든 의자에서 이번에 산 책을 읽으면서 햇볕을 쬐니 아무 것도 부럽지 않았다. 책은 조지 오웰의 작품으로 주인공이 파리와 런던을 오가며 겪은 밑바닥 생활을 그린 내용이다. 실제로 작가가 파리와 영국에서 노동자와 노숙자로 지냈던 경험을 바탕으로 하고 있어 더욱 사실적인 묘사가 이루어져 있었다. 왠지 나의 런던 삶과도 비슷해서 감정이입이 되어 열심히 읽어 내려갔다.

요즘 벨파스트는 날씨가 아주 좋다. 정말 영국의 여름은 그 어떤 나라들보다 쾌적하고 좋은 것 같다. 그래서 쉬는 날에 집에서 한 30분 정도 걸으면 나오는 빅토리아 파크(Victoria Park)로 향했다. 시내는 벨파스트 사람들이 다 나온 것처럼 북적거리더니 이스트 벨파스트(East Belfast)는 한산했다. 입구에서 같이 일하는 크리스와 부인, 아이들도 잠깐 만나서 인사를 나누고 천천히 공원 산책을 했다. 집에 있으면 생각이 많아지는데 공원에 나오니 마음이 편안해졌다.

사실 요즘 퇴근 후 여유 시간이 많아지면서 시간이 너무 아깝다는 생각이 들었다. 뭔가 해야 할 것 같은데, 뭔가 공부해야 할 것 같은데, 자기 계발을 계속 해야 할 것 같은데 라는 생각에 조급해졌다.

George Orwell
Down and Out in Paris and London

그런데 오늘 갑자기 이런 생각이 들었다.

'내가 참 여유를 즐기지 못하는구나!'

늘 무언가를 공부해야 하고 배워야 하고 자기 계발해서 뒤처지면 안 된다는 마음이 나도 모르게 있었던 것 같다. 그래서 앞으로는 마음을 편하게 먹기로 했다. 어떤 면에서 여유도 선택인 것 같다.

TIP-BOX

The Argory(www.nationaltrust.org.uk/argory)

144 Derrycaw Road, Dungannon BT71 6NA

+44 28 8778 4753

런던에서 보물찾기

United Kingdom Working Holiday

5월 뱅크 홀리데이(Bank Holiday)를 맞이하여 런던에 잠시 다녀왔다. 오랜만에 친구들 얼굴도 보고 쉬고 올 계획이었다. 그런데 일요일 아침 6시 20분까지 벨파스트 시티(Belfast City) 공항에 도착했어야 하는데, 늦잠을 자 5시 20분에 일어나고야 말았다. 새벽이라 택시도 잡히지 않고 버스도 없고 해서 정말 집에서 걸어서 한 시간 정도 거리에 있는 공항까지 뛰어서 갔다. 제대로 씻지도 못하고 정말 있는 힘껏 뛰어서 문 닫히기 5분 전에 도착했다.

벨파스트는 비가 계속 오는 날씨였지만 런던은 너무 맑았다. 6시 50분에 이륙해서 7시 50분에 도착했는데, 일요일이었기 때문에 바로 교회로 향했다. 친구들이 비행기를 무슨 버스처럼 이용하느냐고 했는데 영국 저가항공은 버스와 비슷한 가격대를 형성하고 있어 정말 버스처럼 이용했다.

아침을 먹지 못해서 세인트 폴 성당 앞에 있는 이탈리아 식당에서 아침을 먹었다. 그런데 양도 적고 가격도 너무 비싸 벨파스트 식당들이 그리워졌다. 교회에 도착해서는 벨파스트 사탕 가게에서 사온 선물들을 아이들에게 나눠주니 그렇게 좋아들 했다. 이런 것이 아빠 마음인가 싶었다.

예배가 끝나고 마리나 집사님 댁에 가서 점심을 했다. 사실 이곳에서 이번 휴가 기간 동안 지내기로 했다. 개트윅(Gatwick) 공항과도 가까워서 오기 전에 여쭤보았더니 흔쾌히 허락해주셨다. 사실 마리나 집사님의 남편 피터는 내가 교회에서 제일 어려워하는 분 중의 한 명이다. 벨파스트에서 오셔서 많은 도움을 주셨지만, 왠지 어렵고 무뚝뚝하시다. 런던에서 변호사로 활동하고 계시며 지적인 대화와 영국적인 농담을 자주 하신다.

다음 휴일인 월요일에는 교회 청년들과 함께 '트레져 헌트(Treasure Hunt)'를 했다. 4~5명이 팀을 나눠서 세인트 폴을 기점으로 역사적인 보물들을 찾아가는 게임이었다. 실제 보물이 있는 것은 아니고 런던의 역사와 관련된 건물과 도로, 상징물들을 살펴보면서 나눠준 문답지를 가장 많이 완성하는 팀이 우승하게 된다. 나는 패션비즈니스를 전공한 마리안과 함께 한 팀이 되었는데 워낙 평상시 사진 찍는 것을 좋아해서 게임보다는 이곳저곳에서 사진 찍는 데 정신이 없었다.

게임하면서 정말 원 없이 세인트 폴 지역부터 플릿 스트리트(Fleet Street) 작은 도로 사이사이까지 다 구경한 것 같다. 신기했던 것은 플릿 스트리트 중심 도로 말고 숨어 있는 샛길에 정말 많은 역사적 장소들이 있던 것이었다. 플릿 스트리트는 예전에는 런던의 저널리즘을 대표하던 거리였지만 지금은 법조인들이 일하는 코트(Court)나 챔버(Chamber)들이 근처에 많이 있다.

그런데 4시간 동안 걸어 다녔더니 다들 피곤함에 지쳐서 끝나고 바로 피자 익스프레스 레스토랑으로 향했다. 리조또를 먹을지 라자냐를 먹을지 고민하다가 연어 리조또로 결정하고 배고픔에 바로 다 흡입했다.

그렇게 일정이 다 끝난 뒤 영국 은행원 친구인 데이비드의 집에 다녀왔다. 런던에 있을 때 당장 쓰지 않는 짐들을 맡겨 두었었는데, 정장이 좀 필요해서 찾으러 갔다. 데이비드는 노스 그리니치(North Greenwich), O2 근처 아파트에서 지내는데 이번에 직장을 런던 브리지(London Bridge)에 있는 컨설팅 회사로 옮겼다고 했다. 지난 이야기를 하면서 더 있고 싶었지만, 집에 너무 늦게 들어가면 눈치가 보여서 일찍 자리를 떠났다.

마지막 날에는 와사비에 오랜만에 다녀왔다. 미운 정이 오래간다고 그렇게 힘들었던 와사비 생활이었지만 그 고생을 함께한 친구들이 늘 기억에 많이 남아서 런던에 갈 때마다 가서 인사를 한다. 그렇지만 이

번에는 점심시간에 가서 아쉽게도 제대로 이야기를 못 나누었다.

점심은 나의 첫 한국어 학생이었던 크리스와 함께했다. 보험회사에서 일하는 게 늘 힘들다고 투덜거려도 회사에서 여러 나라로 출장을 많이 보내줘서 은근 좋아하는 눈치였다.

점심을 먹고는 스트랫포드(Stratford) 쇼핑센터에서 목사님을 만나서 커피를 마셨다. 목사님과는 늘 스트랫포드 쇼핑센터 3층에 있는 코스타(Costa)에서 만난다. 역시 누가 목사님 아니라고 할까 봐 교회는 "잘 다니고 있니? 성경은 잘 읽고 있니? 신앙생활은 어떠니?" 등의 질문으로 이야기가 시작되었다. 목사님과 이야기를 하면서 많은 생각이 정리되었다. 목사님께서는 좀 쿨하시기 때문에 늘 여행이나 음악 등 성경적인 것 이외에도 많이 자극을 받는다. 지난번 파리 '마레 지구(Le marais)'도 목사님이 추천해 주셔서 다녀왔었다. 목사님께서는 신앙적으로 생활하시면서도 감각적이고 쿨한 라이프스타일을 유지하고 계셔서 나의 롤모델이다.

저녁은 멀리 샤드가 보이는 런던 어머니 댁에서 먹었다. 로라와 헤이문도 같이 식사를 했다. 지난번에 몸에 피부병 같은 것이 났었다고 이야기했더니 그것부터 보자고 하셨다. 런던 어머니 댁에서 이야기를 나누고 음악도 듣고 하다 보니 마음이 그냥 참 편했다. 이야기를 나누는 도중 어머니께서 네가 온 지 벌써 1년 6개월이나 지났다고 하시며 처음 교회에 왔을 때 한국을 그리워하던 얼굴이 생각난다고 말씀하셨다. 내가 그렇게 많이 한국을 그리워하고 있었나 보다.

CHAPTER. 09

돌아가기

영국 대학원 가기

United Kingdom
Working Holiday

사실 영국에서 가장 이루고 싶었던 꿈은 대학원 가기였다. 외국에서 다양한 문화의 친구들과 자유로운 토론 분위기에서 수업을 들으며 공부하고 싶었다. 영국은 자국민 또는 EU 학생들과 달리 타국 학생들에게는 거의 두 배가 넘는 학비를 요구하고 있기 때문에 장학금 없이는 입학이 어려웠다. 물론 집안 형편이 넉넉한 학생은 크게 문제가 되지 않겠지만, 나처럼 시골 출신 가난한 워홀러는 장학금밖에 답이 없었다.

그저 그 꿈을 마음에 품고만 있던 중 같이 일하는 한국인 동료가 영국 외무성 장학금에 대해서 알려주었는데 그 주가 서류 마감일이었다. 학교 입학 허가도 받지 않은 상태였지만 외무성 장학금은 입학 허가 없이도 신청이 가능하다고 해서 부랴부랴 서류를 준비해서

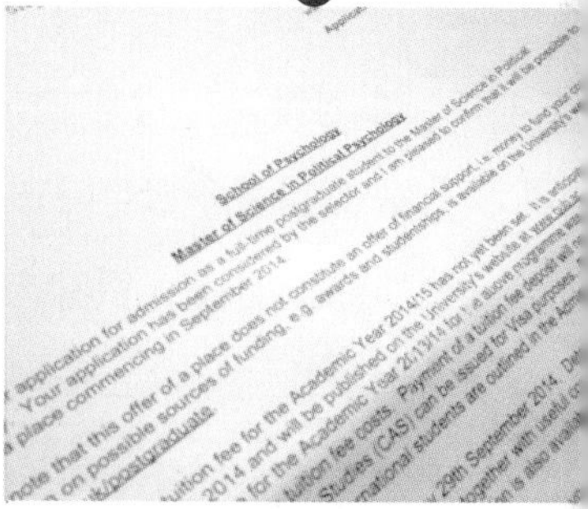

제출했다. 그리고 역으로 지원할 학교를 고르고 신청을 했다. 작년에 급하게 본 IELTS 점수가 6.5이긴 했지만 작문 시험은 준비 없이 그냥 본 것이라 5.5가 나왔다. 대부분의 영국 대학원은 모든 항목에서 6.5~7.0 수준의 점수를 요구하고 있었다. 그래서 IELTS를 다시 봐야 했지만, 시간도 없고 해서 점수대에 맞춰서 알아봤다. 다행히 거주하고 있던 벨파스트 퀸즈대학의 입학 조건이 각 항목 5.5 이상 전체 6.5라 신청할 수 있었다. 그래서 담당 교수님과 면접을 보고 한국에 계신 교수님께 추천서를 부탁드렸다. 그리고 정치심리학 석사 과정의 합격 메일을 받을 수 있었다. 정치심리학에 특별한 관심이 있던 것은 아니었지만, 사회나 조직심리학 분야 쪽에 계속 흥미가 있었던 터라 지원을 했다. 드디어 조금씩 꿈이 이루어지는 것 같았다. 정말 외국에서 공부할 수 있을까 하는 설렘으로 가득했다. 그리고 얼마 후 영국 외무성 장학금 서류 결과가 나왔다.

불합격이었다.

그러나 학교 측에도 지원해 주는 장학금이 있어서 지원했다. 그래서 얼마 정도 장학금이 나오긴 했지만 1년에 3천만 원 이상 되는 학비를 감당할 여력이 없었다. 뒤늦게 알게 된 사실이지만 영국 외무성 장학금의 경우 근무경험이 어느 정도 있는 공무원 혹은 언론인 등을 많이 선발한다고 한다.

나는 실패는 했지만 꿈은 계속 가슴속에 있었다. 아직 때가 아니었지만 그렇다고 포기한 것은 아니었다. 좀 더 준비하고 노력해서 외국에서 원하는 공부를 꼭 해보겠다고 다짐했다. 실패한 아들의 소식을 듣고 보내주신 어머니의 사진에 이런 문구가 적혀 있었다.

'당신의 실패에도 경쾌한 작별인사를!'

세금을 돌려받자

United Kingdom
Working Holiday

영국 생활을 하면서 P60, P45, P85는 세금과 관련해서 중요하게 챙겨야 할 서류들이다. 영국의 회계연도는 4월 6일부터 다음 해 4월 5일까지인데, 이 기간에 영국에서 근무하며 세금을 납부했다면 세금 정책에 따라 초과 납부한 금액은 환급을 받을 수 있다. 이를 확인할 수 있는 서류가 P60이다.

근무하면서 받은 급여 명세서와 P60을 확인해서 세금을 초과해서 납부했다면 영국 국세청(HMRC)에서 환급 여부를 확인할 수 있으며, 환급액은 수표로 받을 수 있다. 나의 경우에는 첫해 312파운드 정도의 세금을 수표로 환급 받은 후 이용하고 있는 은행에서 교환하여 환급금을 받을 수 있었다.

P60 서류와 함께 중요하게 가지고 있어야 하는 서류가 P45이다.

이 서류는 퇴사할 경우 받을 수 있고, 다른 곳으로 이직하게 되면 이전 회사에서 새로운 회사로 바로 전해진다. 나중에 한국으로 귀국할 경우 세금 환급을 위해서 P45 세 장 중에서 Part 2, 3을 보내야 하므로 퇴사할 경우 꼭 받아야 한다. 하지만 미처 받지 못했다면 퇴사 후에도 발급이 가능하다. 퇴사 후 바로 귀국하는 경우에는 한국에서도 받을 수 있으니 꼭 받도록 하자.

세금 환급을 위해서는 P45 서류와 함께 P85 서류가 필요하다. P85는 미리 신청해서 받을 수 있으므로 여유 있게 신청해서 받아두는 것이 좋다.

신청서를 작성하다 보면 세금을 어떻게 수령할지 정하게 된다. 영국 내 은행계좌가 있다면 계좌로 수령할 수 있고, 한국으로 받고 싶다면 수표로 신청하면 된다. 하지만 처리 기간이 6~10주 정도로 길어서 본인의 상황에 맞게 선택해야 한다.

P45 서류의 Part 2, 3과 P85 작성이 모두 끝났으면 이 서류를 리

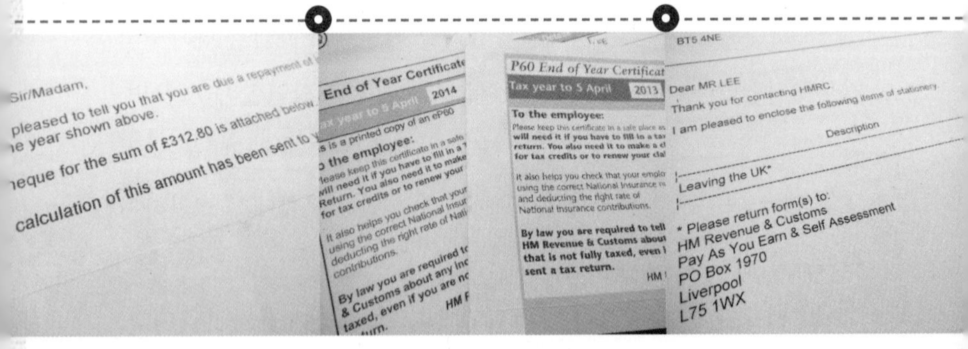

버풀에 있는 영국 국세청으로 보내면 세금과 관련된 모든 행정처리가 마무리된다.

TIP-BOX

국세청 주소 : HM Revenue & Customs, Pay As You Earn,
PO Box 1970, Liverpool, L75 1WX

양식 관련 문의 : +44 135 535 9022

관련 링크 : http://www.hmrc.gov.uk/international/leave-uk.htm

영국 해외특파원 생활

United Kingdom Working Holiday

지난 2월부터 고용노동부 블로그에 영국 관련 소식을 전하는 해외특파원으로 선발되어 다달이 두 가지 주제를 놓고 영국 관련 기사를 쓰게 되었다. 솔직히 쓰고 싶은 내용은 많았지만, 고용노동부 소속이라는 특징 때문에 영국 노동시장과 관련된 내용을 주로 다루게 되었다. 정부기관이기 때문에 반정책적인 글쓰기는 조금은 어려운 것이 사실이었으나, 그럼에도 불구하고 다양한 영국 소식을 이런 방법으로라도 전할 수 있어서 매우 재미있었다.

영국의 직장생활에 대해서 쓰면서 한국도 이런 문화가 있었으면 하는 것들이 참 많이 있었다. 영국은 매니저는 퇴근 후에 사적인 혹은 공적인 일로도 전화를 하지 않아야 하고, 휴가는 자신이 원할 때

언제든지 쓸 수 있는 분위기가 되어 있다. 타국과 거래하는 직무가 아닌 이상 야근을 하는 것은 비효율적이며, 퇴근 후에는 언제나 가족들과 함께 식사하는 문화가 보편적이다. 그리고 채용 과정에서 사진은 필요 없으며, 면접 중에 업무와 관련되지 않은 사적인 질문은 고소의 소지가 다분하다. 예를 들면 혈액형이라든지 가족관계가 그 대표적인 예이다. 그리고 장애인에 대한 채용 기회도 보편적으로 열려 있으며, 고령화 사회답게 장애인 복지와 관련된 많은 시설이 갖추어져 있다.

하지만 영국도 한국 못지않게 많은 문제점이 있다. 상대적으로 부국인 영국은 다른 유럽사람들에게 기회의 땅으로 여겨져 많은 이주민이 매년 들어온다. 따라서 이주민들이 복지수당을 획득하거나 혹은 일자리를 얻을 경우 자국민에게 불리해지는 상황이 발생한다. 그래서 반 EU 정서도 어느 정도 존재하는 것 같다. 또한 무급 인턴십도 많은 문제가 있고, 살인적인 물가도 영국 생활을 어렵게 하는 요인이다. 최근에는 스코틀랜드 독립과 관련해서 영국은 4개의 나라로 '연합'된 나라이고, 서로 간의 갈등과 거리가 여전히 존재함을 여실히 보여줬다.

영국에서 2년 동안 근무를 하면서 영국 노동 시장에 대해서 좀 더

객관적이고 거시적으로 살펴볼 수 있었다. 그러면서 '이렇게 해외특파원으로 사는 삶도 재미있겠구나'라는 생각이 들었다. 해외의 중요 소식을 자국민에게 전하는 사람들. 꿈을 찾기 위한 여정은 계속되고 있었다.

No say goodbye, but see you later!

United Kingdom
Working Holiday

같이 일했던 아시아 친구들과 벨파스트 치킨 집에서 저녁 식사를 하는 것으로 나의 작별인사 스케줄이 시작되었다. 다들 가정이 있는 친구들이라서 퇴근 후 쉽게 모이기 힘들었는데, 이번에 퇴사하면서 같이 식사하는 자리를 만들었다. 예전에 몇 번 갔었던 '르 쿱(Le Coop)'으로 갔는데 생각보다 일찍 가서 할인된 가격으로 먹을 수 있었다. 이번에는 치킨 대신 핫도그를 주문했는데 양이 상당히 많았다. 그래도 성인 남성이 먹기에는 조금 부족한 양이었다.

일요일에는 벨파스트 교회에 들러서 인사드리고, 청년부 목사님과 함께 사진을 찍었다. 처음에는 어색하고 어려운 교회였다. 나이 많은 분들도 많아서 친해지기 어려웠었다. 하지만 이제는 너무 정이 많이 들었다. 다들 다시 꼭 놀러 오라면서 손을 잡아주셔서 뭉클했다.

런던으로 떠나기 전 폴란드 친구 마르타(Marta)가 저녁 식사에 초대해 줘서 청년들과 함께 시간을 보냈다. 항공권을 출력하려고 공공도서관에 갔는데 파업 중이라 마르타 집에서 출력했다.

벨파스트에서 제일 많이 친해진 독일 친구 미리(Miri)와도 아쉬운 작별 인사를 했다. 나의 학교 동창 중에 초등학교 선생님인 친구가 있는데, 그 친구가 마음에 든다면서 꼭 한국에 놀러 가면 소개해 달라고 했다. 장난인지 진심인지는 잘 모르겠다. 여하튼 그날 저녁 맛있다는 양고기 피자를 함께 먹었는데 양고기와 피자가 은근 잘 어울렸다.

이렇게 사람들과의 인사는 마무리되었는데 방이 문제였다. 11월 3일까지 약 3개월가량 계약이 남았는데, 세입자를 구하지 못하고 떠나게 된 것이다. 또한 본격적으로 짐을 싸려는데 양이 만만치가 않았다. 그래서 필요 없는 건 자선단체에 기부하고 최대한 짐을 줄였

다. 한국으로 짐을 부치자니 가격이 너무 비싸 초과하는 건 공항에서 대부분 버렸다.

런던에 도착해서는 목사님 댁에서 지냈다. 갔더니 막내 줄리엣이 지난번보다 훌쩍 커 있었다. 매번 잠자리를 제공해주셔서 뭐라도 보답하고 싶은 마음에 나는 아침마다 아이들을 업고 달리고 뛰면서 놀아줬다. 그리고 감사한 마음에 한국 음식을 대접해 드리기로 마음먹었다. 런던에 '뉴몰든'이라는 한인타운이 있는데, 여기서 라면도 조금 사고 아이들 먹을 한국 과자들도 챙겼다. 대접할 메뉴는 만두와 양념 치킨, 잡채와 떡 등으로 선택했다. 치킨은 한국에서보다 맛이 없어서 조금 실망했지만, 잡채는 맛있었다. 그런데 아이들은 의외로 떡을 무척 좋아했다.

다들 한국으로 돌아가기 전 유명 명소에 들러 구경을 하라고 했지만, 친구들과 만나 작별인사하는 데만도 1주일이 다 지나갔다. 한국에 들어오기 전 금요일에는 런던 어머니 마가렛과 이모 로라와 함께

점심을 먹었다. 날씨가 생각보다 더워서 집에서 쉬려고 했으나 마가렛 어머니께서 이렇게 좋은 날씨에 집에만 있으면 안 된다면서 로라 이모와 나를 밖으로 이끌었다. 강변을 따라 걸으면서 빅벤을 배경으로 사진도 찍었다. 마가렛 어머니와 로라 이모께서는 한국에 계시는 어머니에게 드리라면서 지갑과 작은 백도 선물로 주셨다.

저녁에는 데이비드 집에 가서 남은 짐을 정리하고 하룻밤 잠을 잤다. 그리고 동갑내기 제인이 만들어준 비빔밥과 된장국도 먹고 청년들과도 저녁을 먹으며 작별인사를 했다.

일요일에는 마리안과 아이에이샤와 함께 점심을 같이 먹었다. 밥을 먹고 근처 공원에 가서 그네도 타고 산책도 하며 즐거운 시간을 보냈다. 늘 활력이 넘치는 두 명이다. 지난번 뉴몰든에 가서 이 친구들에게 장난 겸 한국의 매운맛을 소개해주려고 '불닭볶음면'을 사서 만들어 주었다. 그런데 웬걸, 아주 맛있게 잘 먹었다. 마리안은 페루 아버지와 스코틀랜드 어머니 사이에서 태어나서 그런지 매운맛에 익숙한 듯했다.

한편 아이에이샤에게 잘 가라는 인사말을 해달라고 요청했더니,

No, see you later!

라고 답했다. 그렇다. 다음에 오면 된다. 영국은 이제 지구 반대편에 평생 오기 힘든 나라가 아니라 언제든지 반겨주는 친구들이 있는

나라가 되었다.

일요일에 마지막 저녁예배를 드리는데 자꾸 눈물이 흘렀다. 쿨하게 헤어지고 싶었는데 아쉽고 서운한 마음이 가득했다. 정말 마지막 인사가 다 끝나고 가려는데 청년들이 같이 저녁 먹고 가자고 했다. 짐이 많아서 공항 근처에 예약해둔 호텔로 바로 가려고 했지만, 마지막이기 때문에 함께 했다. 뉴질랜드 친구 헤이문이 추천한 말레이시아 음식점에서 마지막 만찬을 먹으며 작별인사를 했다.

해가 밝자 공항으로 향했다. 한국에서 영국으로 올 때는 아부다비를 거쳐서 도착했는데, 이번에는 러시아 모스크바를 거쳐서 가게 되었다. 한창 러시아군과 우크라이나군 사이에 긴장이 있던 터라 다들 걱정했지만 무사히 한국에 올 수 있었다.

모스크바에서 한국으로 들어오는 항공편에서 많은 한국 사람들을 볼 수 있었다. 승무원들의 부탁에도 불구하고 자리에서 일어나고 휴대전화를 사용하는 한국인들이 정말 많이 있어 부끄러웠다. 몇 차례 제지했지만 한국 사람들은 자신이 원하는 대로 행동을 했다. 누군가를 비판하는 것은 아니지만 나 역시 무의식 중에 저렇게 행동하고 있지 않은가 반성하게 되었다.

한국에 도착하자 정말 춤을 출 뻔했다. 2년 동안 한 번도 와보지 못했기 때문에 너무 신이 났다. 오랜 고향 친구들이 마중도 나와 줘서 고마웠다. 같이 고향에 내려가고 싶었지만, 도착한 날 가나 대사관과 스카이프 면접이 있었다. 행정직이었는데 시간이 귀국하는 날 저녁에 잡혀서 피곤한 몸을 이끌고 홍대 근처 비즈니스 카페에서 면접 준비를 했다. 나는 상대방 쪽이 보였지만 그쪽에서는 내 얼굴을 확인할 수 없는 방식이었다. 결과적으로 잘되지는 않았지만, 29살 늦깎이 취업 준비생의 삶은 그렇게 새롭게 시작되고 있었다.

생각의 이삿짐 풀기

United Kingdom
Working Holiday

꿈같이 오게 되었던 영국 워홀러의 삶은 어느덧 마지막 라인에 서 있다. 영국에서의 삶은 내게 어떤 의미였을까? 돌이켜 보면 영국에서 2년 동안 지내면서 나는 철저하게 나를 내려놓는 훈련을 많이 했다.

나는 영국에 오기 전에 한국 사람들은 최대한 만나지 말자는 것을 기본 원칙으로 삼았다. 물론 아주 만나지 않을 수는 없었지만, 그래도 최대한 기회가 있을 때 현지 친구들 혹은 타문화권 친구들을 많이 만나려고 했다. 그래서 외국 친구들과 많은 것을 나누고 교제할 수 있는 시간이 많았다. 영국을 떠나는 것이 아쉬웠던 가장 큰 이유도 바로 친구들 때문이었다.

영어는 많이 늘었을까? 개인적으로는 많이 늘었다고 생각한다. 한국에서는 그냥 시험영어에 익숙했었다면 영국에 다녀온 후에는 모든 부분에서 향상된 것 같다. 늘 집을 나오면 영어로 말해야 하는 환경이었고, 좋아하는 영국 프로그램을 시청하니 영어도 늘 듣게 되었다. 그리고 다는 이해하지 못해도 서점에서 책도 사서 읽었고, 작문은 벨파스트에 와서 일하면서 많이 연습할 수 있었다. 발음이나 세련된 표현은 더 공부해야 했지만 전반적으로 자신감이 많이 생겼다.

영국에서는 그래도 지방 도시들을 많이 돌아다닌 것 같은데 유럽 국가 중에서는 파리와 아일랜드 외에는 다녀온 곳이 없다. 그래도 유럽에서 가고 싶었던 곳은 파리밖에 없었기 때문에 그리 아쉬움이 크지는 않다. 고등학교 · 대학교 때 배운 불어도 사용해보고, 생일에 에펠탑 앞에서 케이크에 초도 불어보는 등 원하는 바를 이뤘으니 감사할 따름이다. 그리고 한국에 돌아갈 때에는 시베리아 횡단 열차를 타고 귀국할 계획을 했었으나 이것은 이루지 못했다. 여름보다는 겨울에 타야 진정한 바이칼 호수를 볼 수 있다니 일단은 마음 한편에 고이 간직하고 기회가 되면 다시 시도를 해보려고 한다.

영국에서 보낸 2년의 시간을 통해서 가장 얻고 싶었던 것은 앞으로의 진로였다. 내가 원하는 것은 무엇인지, 앞으로 어떤 삶을 살아가야 할지에 대한 답들을 구하는 시간으로 삼고 싶었다. 그렇다면 질문에 대한 답을 찾았을까? 결론부터 이야기하자면 '질문'이 바뀌었다. '지금 하고 있는 일이 나에게 의미가 있는가?' 이제는 하루하루의 삶이 소중하고 중요하다.

그리고 영국에 오기 전과 지금 변한 점이 있다면 우선 여유가 좀 생긴 것 같다. 취직이나 연애, 결혼에 대한 조급함이 전보다 없어졌다. 우리나라는 나이대별로 해야 할 일들에 대한 중압감이 상당하지만, 영국에서 지내다 보니 그런 것들이 별로 상관 없어졌다. 물론 한국에서는 주변에서 나보다 더 우려 섞인 말들로 걱정하겠지만, 어떻게 살아야 한다는 삶의 고정관념이 없어졌다. 삶의 표현방식은 다양하며, 그 다양성이 더 멋지다고 생각한다. 다만 나만의 표현방식을 찾는 과정은 필요할 것 같다.

그리고 마지막으로 느낀 점은 사랑과 거리에 관한 것이다. 어디서 보았는지 기억은 잘 안 나지만 작은 불은 바람에 꺼지지만, 큰 불은 바람에 더 크게 퍼진다는 말이 있다. 사랑도 마찬가지다. 거짓 사랑은 작은 바람에도 사라지게 되지만 진정한 사랑은 거센 바람에 더욱 커진다. 한국과 멀리 떨어져 있었지만 정말 사랑하는 사람들에 대한 사랑은 더욱 애틋해지고 커가는 것을 경험했다. 눈에서 멀어지면 마음에서도 멀어지는 것은 진짜 사랑이 아니다.

영국 워킹홀리데이 이후의 삶, 그리고 30대의 삶이 어떻게 펼쳐

질지 기대가 된다. 늘 삶이 계획대로 이루어지는 것은 아니지만, 영국에서의 삶과 앞으로의 삶을 잘 표현하는 좋아하는 영화 속 대사로 끝맺고 싶다.

'Sometimes the things you want the most don't happen and what you least expect happens.'

- Love and Other Drugs -

영국에 관해 궁금한 일곱 가지

1

Q. 초기 정착 비용은 어느 정도 가지고 가셨나요?

A. 1,500파운드(약 250만 원) 가지고 갔습니다.

2

Q. 취업은 어려운가요?

A. 영국은 금융, 패션, 예술, 건축, 디자인 쪽 시장이 발달해 있습니다. 따라서 이와 관련된 전공 혹은 경력이 있다면 영국에서 취업하는 데 다른 분들보다는 우위를 가질 수 있습니다. 다만 그 외 전공자들은 대부분 서비스 업종에서 일을 많이 구하고 있습니다.

3

Q. 취업 시 대졸자를 선호하나요?

A. 어떤 분야에 취업하는지에 따라 다른 것 같습니다. 학위를 선호하는 직무가 있을 수도 있고 경력을 더 우선시하는 분야도 있을 것 같습니다. 하지만 영국 사회는 확실히 학위보다는 관련 경력과 능력을 더 우선시한다는 것을 말씀 드리고 싶습니다.

4

Q. 호주 워킹홀리데이는 많은 돈을 벌어오는 것 같은데 영국도 가능할까요?

A. 영국은 화폐가치가 높아 한화로 환산했을 때 고임금이 보장되지만, 런던의 경우 살인적인 물가를 가지고 있는 도시입니다. 넉넉하게 저축하고 목돈을 마련하기 위해 영국을 오신다면 어렵다고 말하고 싶습니다. 하지만 영국 및 유럽 여행할 정도의 자금은 일하면서 모을 수 있습니다.

5

Q. 인종차별은 심한가요?

A. 런던의 경우 워낙 다문화 생활권이 되다 보니 눈에 띄게 느껴지는 인종차별은 없습니다. 다만 지방 도시에서나 늦은 저녁에 돌아다닐 경우 지역 주민 혹은 청소년들에게 인종차별적인 발언을 들을 수도 있습니다. 아무래도 타지에서는 외국인 신분이기 때문에 늘 스스로 조심해서 행동하고 생활하는 습관이 필요합니다.

6

Q. 영국에서 교회를 가고 싶은데 어떻게 해야 할까요?

A. 본인이 속해 있는 교회 혹은 교단에 맞는 교회를 검색해서 가시는 것을 추천해드립니다. 또 교회에 가기 전 홈페이지나 이메일을 통해서 현지 교회 목사님께 정보를 요청하는 것도 방법입니다. 외국어 예배라서 영어가 걱정된다면 한인 교회에 참석해보실 것을 권해드립니다. 하지만 개인적으로 현지 교회에서 현지인들과 함께 지내는 것을 추천해드립니다.

7

Q. 런던과 같은 대도시는 어디를 가나 관광객으로 붐비는 것 같습니다. 혹시 런던을 비롯해 영국 내에서 관광객이 적으면서도 현지인의 일상을 엿볼 수 있는 추천 장소 있을까요?

A. 네. 말씀하신 대로 런던 내에서는 어디든지 관광객들을 만나게 됩니다. 하지만 현지인들이 많이 찾는 지역들도 존재합니다. 개인적으로 좋았던 곳들을 소개해드리면 다음과 같습니다.

❶ 버몬지 스트리트(Bermondsey Street) | 런던 브리지에서 버몬지(Bermondsey) 방향으로 가다 보면 나오는 거리입니다. 구석진 곳에 있어서 아는 사람들만 오는 곳이지만, 쇼디치(Shoreditch) 못지않게 감각적인 레스토랑과 카페, 상점들이 많은 거리입니다. 벽면에 크게 커피(COFFEE)라고 적혀 있는 카페는 인테리어가 독특해서 제가 자주 갔던 카페입니다.
Bermondsey Street Coffee / 163-167 Bermondsey Street, London SE1 3UW

❷ **쇼디치**(Shoreditch) / **브릭레인**(Brick Lane) | 말이 필요 없는 런던 젊은이들의 아지트입니다. 박스파크(BOXPARK) 2층에 있는 바는 친구들과 함께 햇살 좋은 날 꼭 가시길 추천합니다. 브릭레인의 24시간 베이글 베이크(Beigel Bake)는 아무리 관광객이 많아도 꼭 들러야 할 장소입니다. 기본 베이글과 연어 크림치즈 베이글이 개인적으로는 맛있었던 것 같습니다.

- BOXPARK / 2 Bethnal Green Road, London E1 6GY
- Beigel Bake / 159 Brick Lane, London E1 6SB / +44 20 7729 0616

❸ **앤젤**(Angel) | 앤젤은 다양한 나라의 레스토랑과 아름다운 카페들이 많은 지역입니다. 무엇을 어디에 가서 먹어야 할지 고민되신다면 앤젤에 가시면 후회하지 않을 것입니다. 많은 레스토랑 중에서도 작은 골목에 있던 아늑한 오스트리아 레스토랑 'kipfe'를 추천하고 싶네요.

20 Camden Passage, London, N1 8ED / 0207 704 1555

❹ **바비칸**(Barbican) | 바비칸은 복합문화공간으로 다양한 공연과 전시, 영화 등을 감상할 수 있는 곳입니다. 문화공간 위에는 아파트들이 있어서 현지인들이 많이 거주하고 있습니다. 이곳에는 시네마 카페(Cinema Café)가 있는데, 도로 쪽을 바라보고 앉을 수 있어서 출퇴근하는 시간대에 현지인들의 일상을 엿볼 수 있습니다. 특별히 학생들이 많이 작업하고 쉬는 공간인 것 같습니다.

Silk Street, London EC2Y 8DS / +44 20 7638 4141

❺ **글로스터 로드**(Gloucester Road) | 런던 상류층의 삶을 엿보고 싶다면 사우스 켄싱턴(South Kensington) 지역을 가봐야 합니다. 사우스 켄싱턴역으로 가도 되지만, 글로스터 로드역에 내리면 좀 더 현지인들의 삶을 느낄 수 있습니다.

중앙생활사 Joongang Life Publishing Co.
중앙경제평론사 | 중앙에듀북스 Joongang Economy Publishing Co./Joongang Edubooks Publishing Co.

중앙생활사는 건강한 생활, 행복한 삶을 일군다는 신념 아래 설립된 건강·실용서 전문 출판사로서
치열한 생존경쟁에 심신이 지친 현대인에게 건강과 생활의 지혜를 주는 책을 발간하고 있습니다.

영국 혼자 떠나도 괜찮아

초판 1쇄 인쇄 | 2015년 11월 13일
초판 1쇄 발행 | 2015년 11월 18일

지은이 | 잉글리(Engly)
펴낸이 | 최점옥(Jeomog Choi)
펴낸곳 | 중앙생활사(Joongang Life Publishing Co.)

대　　표 | 김용주
책임편집 | 노민정
본문디자인 | Studio.mi

출력 | 케이피알 종이 | 한솔PNS 인쇄 | 케이피알 제본 | 은정제책사

잘못된 책은 구입한 서점에서 교환해드립니다.
가격은 표지 뒷면에 있습니다.

ISBN 978-89-6141-166-0(03980)

등록 | 1999년 1월 16일 제2-2730호
주소 | ㊄04590 서울시 중구 다산로20길 5(신당4동 340-128) 중앙빌딩
전화 | (02)2253-4463(代) 팩스 | (02)2253-7988
홈페이지 | www.japub.co.kr 블로그 | http://blog.naver.com/japub
페이스북 | https://www.facebook.com/japub.co.kr 이메일 | japub@naver.com
♣ 중앙생활사는 중앙경제평론사 · 중앙에듀북스와 자매회사입니다.

※ 이 도서의 국립중앙도서관 출판시도서목록(CIP)은 서지정보유통지원시스템 홈페이지(http://seoji.nl.go.kr)와
국가자료공동목록시스템(http://www.nl.go.kr/kolisnet)에서 이용하실 수 있습니다.(CIP제어번호: CIP2015029080)